Mai Atef Rahmoon
Rana Ahmed Youness
Ahmed Ihab Abdelaziz

MiR-615-5p e miR-155-5p na Imunoterapia do Carcinoma Hepatocelular:

Mai Atef Rahmoon
Rana Ahmed Youness
Ahmed Ihab Abdelaziz

MiR-615-5p e miR-155-5p na Imunoterapia do Carcinoma Hepatocelular:

Um par de microRNAs e quatro faces em células Natural Killer e seus hepatócitos-alvo no CHC

ScienciaScripts

Imprint

Cover image: www.ingimage.com

This book is a translation from the original published under ISBN 978-3-659-82369-5.

Publisher:
Sciencia Scripts
is a trademark of
Dodo Books Indian Ocean Ltd. and OmniScriptum S.R.L publishing group

120 High Road, East Finchley, London, N2 9ED, United Kingdom
Str. Armeneasca 28/1, office 1, Chisinau MD-2012, Republic of Moldova, Europe
Managing Directors: Ieva Konstantinova, Victoria Ursu
info@omniscriptum.com

Printed at: see last page
ISBN: 978-620-8-51396-2

Índice

Autores:

Mai A. Rahmoon, Rana A. Youness, Asmaa Gomaa, Imam Waked, Hend M. Eltayebi, Ahmed I. Abdelaziz

Agradecimentos

O Caminho, as pessoas podem viver toda a sua vida e morrer à procura do caminho que devem seguir, do seu propósito na vida, dos seus objectivos que dão sentido à sua vida. É a sua fonte de felicidade, aquilo para que nasceram unicamente para dominar e morrerão deixando uma Terra melhor, se se distinguirem. Por isso, especificamente, e pelas inúmeras bênçãos, todos os louvores a Alá, seu todo-poderoso, por me ter mostrado o caminho.

Se me perguntassem quem está por detrás deste trabalho, quem me tolerou quando eu era insuportável, quem ouviu as minhas queixas e medos incessantes, quem me empurrou para a frente e me deu a mão quando perdi a fé para continuar e conseguir, quem acreditou e teve fé em mim durante todo o caminho, quem olhava para mim com orgulho, carinho e esperança e quem me apoiou durante todo o caminho, a resposta seria, sem dúvida e sem dúvida, os meus pais. A minha família, a minha zona de conforto e o meu sistema de apoio, nunca teria conseguido ou dado um único passo em frente na vida sem o vosso amor incondicional, sabedoria, orientação e tolerância. Obrigada por acreditarem em mim todos os dias da minha vida e por me mostrarem que posso alcançar o que quero. Noha, como te digo sempre, és a minha força e um modelo de perseverança, sonhadora e irmã responsável e apaixonada. Noura, és a minha felicidade, a minha filha, a minha fashionista, a minha irmã mais nova mais louca e mais simpática de sempre. Tu defines o mundo para mim e és insubstituível.

Foi dito um dia que: pessoas com paixão podem mudar o mundo. As pessoas com paixão são contagiosas, espalham-na à sua volta e foi com base nisso que o MPRG foi criado e os MPRGians prosseguem com paixão, persistência e paciência. Por isso, palavras de gratidão nunca seriam suficientes, para agradecer à nossa fonte de paixão pela vida e pela ciência, o Dr. Ahmed Ihab. Quando parecia impossível para os jovens investigadores perseguirem os seus sonhos e praticarem a ciência no seu país (Egito), conseguiu criar uma equipa de cooperação bem sucedida "MPRG", provando que nada é difícil de alcançar desde que se acredite. O meu mestrado tem sido uma viagem próspera; fizeram-me ver a vida de um ângulo totalmente diferente e de uma nova perspetiva. Nesta viagem, amadureci e desenvolvi-me a nível pessoal e científico. Foste sempre um lutador pelos teus sonhos e ensinaste-me lições de vida que não têm preço e é isso que define um bom líder. O meu sincero agradecimento por me ter guiado durante todo este percurso.

Rana Ahmed Youness (alma gémea), nunca teria conseguido nada sem o teu apoio e encorajamento. Sempre me espantei com o teu coração bondoso e a tua personalidade forte, caraterísticas difíceis de reunir numa só pessoa, mas tu és das poucas que conseguem combiná-las harmoniosamente. És uma irmã com quem aprendo, que admiro com orgulho e com quem desfruto da minha viagem. És definitivamente uma espinha dorsal. Obrigada por tudo.

Randa, és a minha bênção, um simples telefonema teu torna o meu mundo num paraíso, falar contigo é como falar comigo, ninguém me compreende como tu. Aya Khaled, és o meu tesouro, tive a bênção de ser acompanhada por um companheiro de toda a vida que partilha os meus interesses e objectivos na vida. Menna, a minha irmã não biológica, , obrigada pelo apoio de sempre.

A equipa MPRG, a dedicação, o apoio, a alegria, a cooperação e o riso são MPRGians, diria eu. Al mosalas; Rana e Bassio, vocês foram grandes parceiros, obrigado por terem estado sempre presentes, conseguimos chegar até ao fim juntos. Menna, a pessoa mais simpática de sempre, obrigado por me encorajares sempre. Amr, obrigado pela tua ajuda, mesmo quando estás no estrangeiro. Injie, estavas lá a ouvir os meus disparates e tentaste pensar comigo para encontrar uma saída. Danira, és uma parceira agradável na investigação e no ensino. Reem, não se encontram todos os dias amigos que sejam sinceros, leais e que se preocupem verdadeiramente. És a minha amiga e eu amo-te e respeito-te muito. Hadeel, Amira e Radwa, os três mosqueteiros, estiveram presentes desde o início e são uma fonte de inspiração para as vossas defesas. Da7, tornaste tudo mais agradável com as tuas piadas, risos e apoio. Shereen, somos tão parecidas e por isso sou abençoada por te ter como amiga, admiro a forma como sabes o que queres alcançar e nunca te desvias. Noha, toda a experiência prática da minha observação, aprendi-a contigo. Aos seniores, Hend, agradeço o apoio que me deram durante a co-orientação da minha tese de mestrado, a Heba, a fictícia e companheira de estadias tardias, a Nada, admiro a tua responsabilidade e perfeição no teu trabalho e, finalmente, a Radwa, gosto de falar e rir contigo, és uma amiga que precisa de mim. Obrigada à Shady, à Dalia, à Sara e a todos os jovens. Formamos uma grande equipa.

Dr. Gamal Esmat, ao Prof. Dr. Imam Waked e à Dra. Asmaa pelo fornecimento contínuo das amostras de CHC e dos dados clínicos dos doentes.

Dedico este trabalho à minha avó (My Tota)

Desde a tua morte, não há um único dia em que não me lembre de ti, das nossas conversas e de todos os momentos que passei contigo. Ensinaste-me a vida e gostaste dela, tão simples quanto isso. A vida nunca será a mesma depois de ti, mas estarás sempre gravado no meu coração, como estás em todos os corações que tocaste na tua vida. Eras único e que eu possa estar contigo no céu.

Resumo

Antecedentes: O carcinoma hepatocelular (CHC) é classificado como uma doença complexa e difícil, altamente endémica no Egito e não passível de tratamento tradicional. Consequentemente, desenvolveu-se uma necessidade de novas estratégias orientadas para o reforço do sistema imunitário do organismo, a fim de controlar a progressão do CHC. A literatura anterior desvendou o papel crítico do eixo do fator de crescimento semelhante à insulina (IGF) como um guardião primário no início do CHC, bem como um modulador paradigmático da imunidade. As células NK são as sentinelas nativas do sistema imunitário inato contra agentes patogénicos e tumores no corpo humano, sendo mediadas pelo sistema IGF e por uma classe de RNAs não codificantes conhecidos como microRNAs.

Objetivo: A análise in silico mostrou que o IGF-1R é potencialmente regulado pelos miR-615-5p e miR-155. Assim, este estudo teve como objetivo investigar o impacto do miR-615-5p e do miR-155 no eixo IGF e, consequentemente, na sinalização e função NK em doentes com CHC e linhas celulares Huh-7 pela primeira vez como uma tríade proposta para uma imunoterapia eficiente.

Resultados: O miR-615-5p e o miR-155 estão significativamente mais regulados nas células NK de doentes com CHC em comparação com controlos saudáveis. O perfil de expressão do IGF-IR e dos seus mediadores a jusante; verificou-se que o STAT3 estava regulado para baixo, enquanto o mTOR estava regulado para cima. Além disso, a NKG2A e o TNF-α foram regulados para baixo, ao contrário da NKG2D, que foi regulada para cima, e as perforinas não apresentaram alterações significativas nas células NK de doentes com CHC em comparação com controlos saudáveis. Após a sobre-expressão ectópica de miRNAs nas células NK efectoras de doentes com CHC e nas células alvo Huh7, o miR-615-5p reprimiu o IGF-IR e o seu mediador STAT3, ao contrário do miR-155 que induziu o IGF-IR e o STAT3 ao nível do ARNm. O impacto dos efeitos opostos de ambos os miRNAs na sinalização IGF foi então estudado na funcionalidade das células NK. Nas células NK efectoras, o miR-615-5p reduziu o nível de expressão de NKG2D, TNF-α e perforinas, enquanto o miR-155 sobre-expressou apenas o TNF-α pleotrópico. Na linha celular alvo Huh7, o supressor tumoral miR-615-5p, recentemente identificado, reprimiu o mTOR e inibiu o ligando NKG2D (ULBP2), interrompendo a capacidade de reconhecimento das células NK, ao contrário do oncomiR, miR-155, que elevou o mTOR e regulou positivamente o ULBP2.

Conclusão: O miR-615-5p e o miR-155 actuam preferencialmente e de forma diferenciada nas células NK e nas suas células-alvo, tendo um papel contraditório ao visar o IGF-IR. Este facto fornece uma nova perspetiva sobre o papel fundamental do IGF-IR como modulador funcional da capacidade de reconhecimento, produção de citocinas e citotoxicidade das células assassinas naturais, abrindo caminho para a correção da deficiência funcional das células NK e, eventualmente, para uma imunoterapia eficaz.

Lista de abreviaturas

ADAM17	A disintegrin and metalloprotease 17
ADCC	Antibody-dependent cellular cytotoxicity
Ago2	Argonaute 2 protein
AKT/ PKB	Protein Kinase B
APC	Adenomatous Polyposis Coli
AREs	AU-rich elements
B2M	Beta-2-microglobin
B7H6	B7 homolog 6
BAT-3	Human leukocyte antigen-B-associated transcript 3
Bcl-w	B-cell lymphoma-2-like protein 2
Bcl-xL	B-cell lymphoma-extra large
BIC	B-cell Integration Cluster
BM	Bone marrow
Bmf	Bcl-2-modifying factor
cDNA	Complementary DNA
c-Myc	Myelocytomatosis oncogene
COX2	Cyclooxygenase 2
Ct	Cycle threshold
DAP12	Adaptor molecules
DGCR8	Digeorge Critical Region 8
DMEM	Dulbecco's modified Eagle's medium
DMSO	Dimethyl Sulfoxide
DNA	Deoxyribonucleotides
DNAM-1	DNAX Accessory Molecule-1
dNK cells	Decidual NK cells
dNTP	Deoxynucleotide triphosphates
E2F-1	E2F transcription factor 1
EDTA	Ethylenediaminetetraacetic acid
EGF	Epidermal growth factor
EGFR / ErbB	Epidermal growth factor receptor
Eri1	Exo-ribonuclease
ERK/MAPK	Extracellular signaling - regulated kinase

FasL	Fas ligand
FBS	Fetal Bovine Serum
FXR1	Fragile X mental retardation-related protein 1
GH	Growth hormone
GM-CSF	Granulocyte-macrophage colony-stimulating factor
GPI	Glycophosphatidylinositol
GRB2	Growth factor receptor bound protein
GSK-3β	Glycogen synthase kinase-3β
HBV	Hepatitis B virus
HCC	Hepatocellular Carcinoma
HCV	Hepatitis C virus
HDGF	Hepatoma-derived growth factor
HGF	Hepatocyte growth factor
HGFR	Hepatocyte growth factor receptor
HLA	Human leukocyte antigen
HPTR	Hiperfect transfection reagent
HSC	Hematopoietic stem cells
Huh-7	Adherent Human Hepatocellular Carcinoma cells
IARC	International agency for research on cancer
IFN-γ	Interferon gamma
IGF	Insulin-like growth factor
IGF2BPs	Insulin-likegrowthfactor-2mRNA-binding proteins
IGFBP (1-6)	Insulin-like growth factor binding proteins (1-6)
IGF-I /II	Insulin-like growth factor-I/II
IGF-I R	Insulin-like growth factor receptor
IgG	Immunoglobulin G
IL	Interleukins
IL-15R	Interleukin -15 receptor
IR-A	Insulin receptor subtype A
IRS	Insulin-receptor substrate
ITAMs	Immunoreceptor tyrosine-based activation motifs
ITIMs	Immunoreceptor tyrosine-based inhibition motifs
JAK	Janus kinases
KIRs	Killer immunoglobulin-like receptors

KLF4	Kruppel-like factor 4
LLT-1	Lectin-like transcript-1
MAPK	Mitogen-activated protein kinase
MEK/MAP2K	Mitogen-activated protein kinase kinase
MGB	Minor groove binder
MHC	Major histocompatibility complex
MICA/B	MHC class I chain-related A/B
miRBase	MiRNA database
miRNAs	MicroRNAs
ML	Milliliter
MLL5	Mixed-lineage leukemia-5
MMPs	Matrix-metalloproteinases
MRE	MiRNA recognition element
mRNA	Messenger RNA
mRNP	Messenger RNA-binding oncofetal proteins
mTOR	Mammalian target of rapamycin
NAFLD	Non-alcoholic fatty liver disease
ncRNAs	Non-coding RNAs
NCRs	Natural cytotoxicity receptors
NFQ	Non-fluorescent quencher
NK	Natural Killer
NKG2D	Natural killer group 2 activating receptor
NKp30/44/46	Natural cytotoxicity triggering receptors 3/2/1
NKR-P1A	C-type lectin-like receptor
NLK	NEMO-like kinase
Oncomirs	Oncogemic miRNAs
p16 (INK4A)	Tumor suppressor gene
PBMCs	Peripheral blood mononuclear cell
PBNKS	Peripheral Blood Natural Killer cells
PBS	Phosphate buffer saline
PCR	Polymerase Chain Reaction
PDAC	Pancreatic ductal adenocarcinoma
PDGF	Platelet-derived growth factor
PDGFR	Platelet-derived growth factor receptor

PDKI	Pyruvate dehydrogenase kinase I
PI-3	Phosphatidylinositol3
PI3K	Phosphatidylinositol-3 kinase
PIP2	Phosphatidylinositol biphosphate
PIP3	Phosphatidylinositol 3,4,5 trisphosphate
PLC	Primary liver cancer
Pre-miRNA	Precursor miRNA
Prf-1	Perforins
Pri-miRNAs	Primary miRNA transcripts
PTEN	Phosphatase and tensin homolog
PUMA	P53 up regulated modulator of apoptosis
QRT-PCR	Quamtitative Real Time Reverse Transcription PCR
RAF/MAP3K	Mitogen activated protein kinase kinase kinase
Ran-GTP	Ras-related Nuclear protein - Guanosine Triphosphate
RAS	Rat sarcoma proteins
RISC	RNA Induced Silencing Complex
RNA	Ribonucleotides
ROX	ROXReferenceDye
RPM	Revolution Per Minute
RPMI	Roswell Park Memorial Institute medium
RQ	Relative quantitation
RT	Reverse Transcription
SEM	Standard error of the mean
Shc	Src homology and collagen homology
SHP-1/ SHP-2	Src homology 2 domain-containing phosphatases
Sos	Son of sevenless
STAT	Signal transduction and activation of transcription
TACE	Tumor necrosis factor-α-converting enzyme
TCE	Translational control element
TCF	T-cell factor
TGF-β1	Transforming growth factor-β1
Th1	T helper cells
TIMP-1	Tissue inhibitor metalloprotease-1
TIMP3	Metalloproteinase inhibitor 3

TKRs	Tyrosine kinase receptors
TNF-α	Tumour necrosis factor alpha
TP53	Tumor protein p53
TP53INP1	Tumor protein 53-induced nuclear protein 1
TRAIL	TNF-related apoptosis-inducing ligand
UL	Microliter
ULBPs	UL16-binding protein 1-6
UTR	Untranslated region
VEGF	Vascular endothelial growth factor
VEGFR	Vascular endothelial growth factor receptor
Wnt	Wingless
XPO5	Exportin-5

1. Introdução

1.1 Carcinoma hepatocelular (CHC)

1.1.1 Incidência, prevalência e mortalidade do CHC

O cancro primário do fígado (CPH) representa um pesado fardo a nível mundial, constituindo um desafio para a medicina em termos de diagnóstico e terapêutica. O CLP é a terceira causa mais comum de morte relacionada com o cancro entre os homens e a sexta entre as mulheres, respetivamente. O mau prognóstico deste cancro é demonstrado pelo diagnóstico anual de mais de 560 000 pessoas com CLP e pela morte aproximada do mesmo número [1, 2] . Compreende o colangiocarcinoma e o angiossarcoma hepático, sendo o CHC a forma mais comum, representando cerca de 80-90% de todos os casos de CLP. O CHC é a quinta neoplasia maligna mais prevalente a nível mundial, com origem nos hepatócitos, o tipo de célula hepática predominante [1, 2]. Com base nas estimativas GLOBOCAN 2012 da Agência Internacional de Investigação do Cancro (IARC) da Organização Mundial de Saúde, o CHC é também o quinto cancro mais comum nos homens (7,5% do total de casos de cancro nos homens) e o nono nas mulheres (3,4% dos casos de cancro nas mulheres). A maior parte do peso do CHC nos países em desenvolvimento é suportada por infecções endémicas do vírus da hepatite B (VHB) e do vírus da hepatite C (VHC), com distribuições geográficas extremamente distintas[3]. As mortes associadas ao CHC representam ~ 9,1% de todos os cancros a nível mundial. Trata-se de um dos tumores fatais e de difícil cura, considerado a segunda causa mais frequente de mortalidade por cancro a nível mundial. O mau prognóstico e a elevada taxa de mortalidade, com um rácio global de mortalidade/incidência de 0,95, obrigam a uma compreensão universal do CHC[3].

1.1.2 CHC no Egito

No Egito, a incidência de CHC duplicou na última década, passando de 4% de todos os cancros relacionados com o fígado para 7,3% [4], o que é atribuído à praga simultânea com a maior prevalência de VHC no mundo, variando entre 6% e 28% como fator de risco primário [4, 5]. O CHC no Egito é o segundo tipo de cancro mais prevalente e a segunda causa mais frequente de mortalidade relacionada com o cancro [5].

1.1.3 Etiologia do CHC

Em função da região geográfica e da raça ou grupo étnico, a distribuição do CHC entre os doentes é muito variável. As infecções pelo VHB ou VHC, a doença hepática alcoólica, a esteato-hepatite não alcoólica, a cirrose biliar primária e a exposição a agentes cancerígenos ambientais (aflatoxina B) são os factores de risco típicos do CHC. Também se propôs que outros factores etiológicos conduzam ao CHC, embora com menor frequência, incluindo a hepatite autoimune e várias doenças metabólicas genéticas, como a porfiria, a hemocromatose hereditária, a deficiência de alfa1-antitripsina e a doença de Wilson [6]. Praticamente todas estas doenças hepáticas crónicas progridem para cirrose, o que a torna o principal fator de risco, responsável por 80 a 90% dos doentes com CHC [7].

A nível mundial, a infeção crónica pelo VHB é responsável por cerca de 50% de todos os casos de CHC [8]. Ao contrário do VHB, o VHC é um vírus ARN responsável pela carcinogénese hepática [9] e, como já foi referido, é o principal fator etiológico no Egito [5]. Encontram-se marcadores de infeção pelo VHC em 80 a 90% dos doentes com CHC, estimando-se que o CHC seja 15 a 20 vezes mais elevado em pessoas infectadas pelo VHC do que em indivíduos não infectados [10, 11]. A hepatocarcinogénese induzida pelo VHB/VHC envolve uma série de processos, incluindo um ciclo sustentado de necrose-inflamação-regeneração, a ativação orientada de vias oncogénicas por proteínas virais, a integração do ADN do VHB no genoma do hospedeiro, causando mutações e a associação com uma propensão para a evasão das respostas imunitárias do hospedeiro e a promoção da cirrose [12, 13] [10].

Em conjunto, o consumo excessivo e prolongado de álcool, que conduz à doença do fígado gordo ou esteato-hepatite, e a doença do fígado gordo não alcoólico (NAFLD), caracterizada em doentes diabéticos obesos, são responsáveis por 38,5% das doenças hepáticas em crianças e adolescentes no Egito [14, 15]. Em ambos os casos, a indução da inflamação e os ciclos de necrose e regeneração dos hepatócitos, o stress oxidativo e a cirrose desempenham um papel fundamental [16, 17]. Além disso, os alimentos contaminados com aflatoxina B1, uma micotoxina produzida pelos fungos Aspergillusflavus, são outro fator de risco comum no Egito. Uma vez ingerido, este potente hepatocarcinogénio genotóxico é metabolizado no AFB1- exo-8, 9 -epóxido ativo que se liga ao ADN e causa mutações no gene supressor de tumores TP53 [6].

1.1.4 Vias de sinalização celular envolvidas na hepato-carcinogénese

Para fazer face à maré crescente de problemas de saúde a nível mundial causados por doenças hepáticas, os hepatologistas de todo o mundo nunca foram tão desafiados. No entanto, a necessidade de compreender a patogénese do CHC é premente [18]. O CHC evolui de forma neoplásica através de processos histológicos com várias etapas. Inicia-se com ciclos contínuos de processos destrutivos e regenerativos que promovem doenças hepáticas crónicas que culminam em cirrose. Observam-se nódulos hiperplásicos dos hepatócitos em regeneração, seguidos de nódulos displásicos pré-malignos, adquirindo finalmente o fenótipo maligno com metástases intra-hepáticas e disseminação distal [18, 19].

A desregulação de vários oncogenes-chave e de genes supressores de tumores, incluindo TP53, B-catenina, membros da família dos receptores ErbB, MET e o seu ligando, o fator de crescimento dos hepatócitos (HGF), E-caderina e ciclo-oxigenase 2 (COX2), através de diversas alterações genéticas e epigenéticas, é responsável pelo CHC [19]. As principais vias de sinalização implicadas no CHC incluem as vias de sinalização angiogénica mediadas por factores de crescimento, incluindo o fator de crescimento endotelial vascular (VEGF), o fator de crescimento derivado das plaquetas (PDGF), o fator de crescimento epidérmico (EGF), o fator de crescimento dos hepatócitos (HGF/c-MET), a via da proteína quinase activada por mitogénio (MAPK) e RAS-RAF/MEK/ERK, a via da fosfatidilinositol-3 quinase (PI3K)/AKT/mammalian target of rapamycin (mTOR), a via da WNT/β -catenina e o principal foco deste estudo, o fator de crescimento semelhante à insulina (IGF), que será discutido em pormenor mais adiante [20-23]. Todas estas vias acabam por conduzir à proliferação celular, sobrevivência e angiogénese [24, 25]. A Figura 1 ilustra estas vias envolvidas na patogénese do CHC.

1.1.5 Funções fisiológicas do eixo IGF

1.1.5.1 IGF-I e IGF-II

O IGF-I e o IGF-II são cadeias polipeptídicas únicas, partilhando 62% da homologia [26]. O IGF-I é sintetizado sob a influência da hormona do crescimento (GH) e actua como o principal mediador das funções da GH no desenvolvimento embrionário normal e no crescimento pós-natal [27, 28]. Os hepatócitos, células minimamente não parenquimatosas do fígado, produzem a maior parte do IGF-I, que actua sistemicamente [27, 29, 30]. Isto é atribuído à falta de sequestro de IGF-I pelo IGF-IR, que é quase indetetável em hepatócitos saudáveis.

Por outro lado, o IGF-II é um gene impresso, expresso pelo alelo paterno apenas na fase fetal [31, 32]. O principal regulador da transcrição do IGF-II não é a GH e é ainda desconhecido [33]. Vários tecidos, mas principalmente as células hepáticas parenquimatosas e não parenquimatosas, contribuem para a produção de IGF-II [27]; este atinge valores máximos durante a fase fetal, desempenhando um papel crucial no desenvolvimento fetal [34]. O IGF-II liga-se a vários receptores, incluindo o IGF-2R que induz a sua internalização e degradação, para além do recetor de insulina subtipo A (IR-A) que apresenta efeitos mitogénicos [35-38], como se mostra na figura (2). No seu conjunto, o IGF-I e o IGF-II regulam a proliferação e a diferenciação celular

ligando-se com elevada afinidade à tirosina quinase IGF-1R, o principal recetor ilustrado na figura (2)[33].

1.1.5.1 IGF-IR

O IGF-IR, o ator principal deste estudo, é um recetor transmembranar de tirosina quinase expresso de forma ubíqua. O recetor maduro é um tetrâmero constituído por duas subunidades α e duas subunidades β, ligadas entre si por pontes dissulfureto [31]. Após a ligação dos ligandos, o IGF-IR sofre uma alteração conformacional que ativa o domínio da tirosina quinase, levando à autofosforilação de tirosinas específicas e ao recrutamento de proteínas adaptadoras específicas, incluindo as proteínas do substrato do recetor de insulina (IRS) e Shc, activando várias vias de sinalização [32]. Como se mostra na figura (2), a fosforilação do IRS-1 ativa a via PI3K/AKT/mTOR, que leva a um aumento da captação de glicose e da síntese de proteínas, à sobrevivência celular e à inibição da apoptose [33]. Por outro lado, a fosforilação da proteína Shc ativa a via RAS/RAF/ERK, relacionada com a diferenciação, proliferação e migração celulares [34]. Para além destas vias principais, o IGF-IR pode ativar a inibição da apoptose mediada por JAK/STAT-3 [35]. Assim, em resumo, a ativação do IGF-IR conduz à diferenciação ou ao aumento da proliferação e migração celulares.

1.1.5.1 IGF-2R

O IGF-2R é uma proteína trans membranar localizada na superfície celular (10%) e no aparelho de Golgi (90%) [36]. Uma expressão polimórfica de IGF-2R é surpreendentemente notada em humanos, onde a maioria é bialélica e outros mostram expressão impressa [37, 38]. A sua principal função é transportar hidrolases ácidas extracelulares e derivadas do Golgi e outros ligandos, como o IGF-II, como um complexo completo, para o compartimento endossómico, onde o ligando é degradado e o recetor é reciclado para a membrana celular [39-41]. O IGF-2R não possui sinalização intrínseca e actua como recetor de eliminação no eixo do IGF, como se mostra na figura (2); pode ser clivado a baixa concentração a partir da membrana celular para sequestrar o IGF-II circulante. Por conseguinte, o IGF-2R é considerado um gene supressor de tumores por vários estudos [42-45].

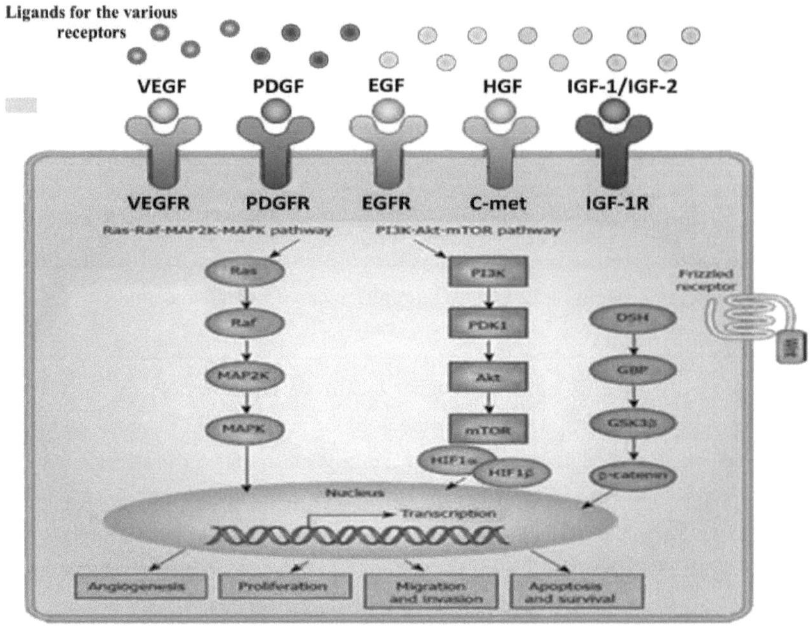

Figura 1: Potenciais alvos moleculares e vias de sinalização intracelular no carcinoma hepatocelular [23, 24].

As vias de sinalização mais relevantes analisadas no CHC humano incluem a via de sinalização Wnt/β-catenina e várias vias de sinalização activadas por factores de crescimento. Na via da Wnt/β -catenina, a glicogénio sintase quinase-3β (GSK-3β) mantém normalmente baixos os níveis citoplasmáticos de β-catenina, após a ligação da Wnt ao seu recetor transmembrana-frizzled, que ativa a β-catenina, entrando assim no núcleo. Além disso, a ligação dos factores de crescimento; VEGF, PGDF, EGF, HGF e IGF-1/IGF-2 aos seus correspondentes receptores de tirosina quinase (TKR) da membrana celular, como indicado na figura, leva ao início das vias de sinalização RAF/MEK/ERK e PI3K/AKT/mTOR. Estas vias de sinalização activam vários reguladores de transcrição no núcleo do e acabam por regular o crescimento e a invasão celular, a proliferação, a motilidade, a sobrevivência, a angiogénese e a apoptose.

1.1.5.2 IGFBPs e proteases IGFBP

Seis IGFBPs de alta afinidade (1-6) partilham 36% de homologia [46, 47], são amplamente expressas, mas a sua transcrição é específica da célula e fortemente regulada por hormonas e factores de crescimento [48, 49]. A principal produção de IGFBPs é no fígado, onde os hepatócitos expressam IGFBP1, 2 e 4, enquanto as células não parenquimatosas expressam IGFBP3 [50]. Antes da secreção tecidular, as IGFBPs circulam no sangue e nos tecidos extracelulares, ligando-se eficazmente aos ligandos IGF-I e IGF-II, embora as IGFBP2, 5 e 6 se liguem preferencialmente ao IGF-II [51]. Os ligandos de IGF ligam-se às IGFBPs, como se mostra na figura (2), com uma afinidade quase igual ou superior à dos seus receptores correspondentes, aumentando a sua semi-vida mas diminuindo a sua disponibilidade para sinalização através do IGF-1R [52]. Convencionalmente, a modificação pós-tradução pelas IGFBP1, 3 e 5 ativa a sinalização IGF, enquanto as IGFBP2, 4 e 6 são inibidoras. No entanto, as IGFBP são controladas pós-transcricionalmente por três tipos de proteases IGFBP: serina proteinases, matrixmetalloproteinases (MMPs) e aspartil proteinases [53]. As modificações pós-traducionais das mesmas IGFBPs, para além de outros factores de ligação, podem potenciar ou suprimir a sinalização IGF [48, 54-56]. Recentemente, foi detectada a modificação pós-transcricional dos ligandos IGF-II pelas proteínas de ligação ao ARNm do fator de crescimento semelhante à insulina-2 (IGF2BPs). As IGF2BPs (IGF2BP1, IGF2BP2, IGF2BP3) são membros de uma grande família de proteínas oncofetais de ligação ao RNA mensageiro (mRNA), localizadas excentricamente no citoplasma. Dependendo do recrutamento da proteína reguladora para o complexo mRNP, a associação das IGF2BPs com o seu transcrito alvo silenciará a tradução ou evitará o decaimento do mRNA e aumentará a tradução [57]. O eixo IGF é ilustrado na figura seguinte (2)[58].

1.1.1 A divergência do eixo do fator de crescimento semelhante à insulina no CHC

1.1.1.1 IGF-I e IGF-II

O IGF-I, o principal ligando do eixo IGF, eminentemente conhecido pela sua atividade pró-tumorígena em vários cancros, é altamente expresso em fígados saudáveis em comparação com a expressão estranhamente escassa em tecidos de CHC [27, 59].

Surpreendentemente, o IGF-1 é considerado um anti-tumorigénico, sendo o desenvolvimento do CHC precedido por uma redução significativa dos níveis de ARNm e de proteína do IGF-I [59, 60]. No entanto, a expressão excessiva de IGF-II, o principal ligando do CHC, está correlacionada com uma maior proliferação celular e a sua inibição por oligonucleótidos anti-sentido aumenta a apoptose e diminui a proliferação celular [61, 62]. O prognóstico de níveis intratumorais elevados de IGF-II em doentes com CHC corresponde a um maior potencial metastático, enquanto a metástase extra-hepática é considerada em níveis séricos elevados de IGF-II [63, 64].

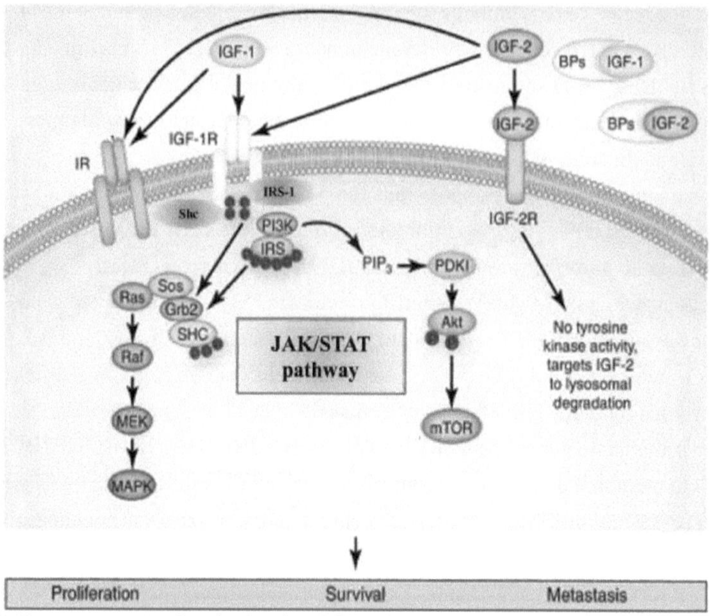

Figura 2: Demonstração da via do eixo IGF [65].

Os ligandos IGF-1 e IGF-2 são ambos capazes de se ligarem e estimularem a atividade catalítica do IGF-1R e do IR. A biodisponibilidade do IGF-1/2 é modulada por uma família de IGFBPs, enquanto o IGF-2 é ainda modulado pelo IGF-2R, que leva à internalização mediada pelo recetor e à degradação do IGF-2 nos lisossomas. Após a ligação de um dos ligandos IGF-1/2, o IGF-1R sofre reticulação e auto-fosforilação do recetor, o que leva à criação de múltiplos locais de acoplamento para as proteínas adaptadoras IRS-1/2, resultando na ativação da PI3K, cuja atividade catalítica produz o segundo mensageiro lipídico PIP3. Este recruta a família AKT de proteínas quinases serina/terionina para a membrana plasmática, onde são fosforiladas e activadas por PDKI e mTOR. Em contrapartida, a proteína adaptadora Shc, através do GRB2 ligado ao fator de libertação de nucleótidos de guanina e ao ativador RAS (SOS), estimula o RAS. Isto desencadeia a via RAS/MAPK, onde RAF. MEK e MAPK são fosforiladas e activadas. Para além da ativação da via JAK/STAT3, todos os eventos conduzem à proliferação, sobrevivência e metástases se estiverem desregulados.

1.1.1.2 IGF-IR

A ativação excessiva do IGF-IR, mediada pelo aumento dos níveis da proteína IGF-IR e/ou pelo excesso de ligandos IGF, é uma das principais caraterísticas do CHC, promovendo a proliferação e a migração celular e suprimindo a apoptose [65, 66]. O IGF-1R apresenta um aumento gradual durante as fases de desenvolvimento do CHC, começando pelo facto de os hepatócitos saudáveis não possuírem IGF-IR, até à cirrose hepática, em que alguns autores referem vagamente que o IGF-IR é regulado positivamente, enquanto outros afirmam que é regulado negativamente. As linhas celulares de hepatoma que expressam níveis detectáveis de IGF-IR mRNA e proteína [27] terminam em amostras de CHC, sendo a regulação ascendente significativa do IGF-IR uma das alterações mais comuns que ocorre em 30% dos doentes [27, 66-69]. A alteração dos componentes a jusante do IGF-IR, incluindo o IRS-1 e o IRS-2, está implicada na hepatocarcinogénese. A expressão excessiva de IRS-1 e IRS-2 está correlacionada com o crescimento tumoral em 90% dos CHC. Além disso, alguns estudos afirmam que um rácio IRS2/IRS1 elevado pode estar correlacionado com a agressividade do tumor [70].

1.1.1.3 IGF-2R

Foram atribuídas ao IGF-IIR caraterísticas de supressor tumoral em vários tipos de tumores, incluindo o CHC, impedindo a ativação excessiva da sinalização IGF-IR por moléculas IGF-II excessivas, o que conduz a um efeito anti-proliferativo. No entanto, verifica-se que está desregulada no CHC com o subsequente aumento do IGF-II[71-73]. A presunção de um efeito antiproliferativo e pró-apoptótico solitário pela expressão excessiva de IGF-2R in vitro é reconsiderada pelo facto de o IGF-II não ser o único ligando e a sinalização do TGF-β ser afetada, aumentando a proliferação[71, 74, 75].

1.1.1.4 IGFBPs e proteases IGFBP

De um modo geral, as IGFBPs atenuam a sinalização IGF-IR limitando a biodisponibilidade dos ligandos IGF, pelo que algumas das IGFBPs, como a IGFBP1,3 e 4, que exercem efeitos antiproliferativos no CHC humano, são reguladas negativamente [76]. A hipermetilação do promotor da IGFBP3 e de um gene supressor de tumores recentemente identificado, a IGFBP7, contribui para a supressão destas proteínas de ligação em doentes com CHC [73, 77, 78]. Curiosamente, foi encontrada uma correlação inversa entre a expressão do IGFBP7 e o estádio do CHC; quando o IGFBP7 é expresso em excesso nas células humanas do CHC, o crescimento celular é inibido[79]. Pelo contrário, nem todas as IGFBP apresentam efeitos antitumorais no CHC; as IGFBP2 e 5 foram associadas à ativação de IGF e apenas a IGFBP2 estava elevada em doentes com CHC [80]. O aumento dos níveis de proteases IGFBP, como a catepsina D, que libertam ligandos IGF dos complexos IGFBP, ativa excessivamente a sinalização IGF, o que foi demonstrado em doentes com CHC [81]. Um estudo efectuado pelo nosso laboratório salientou a importância da caraterização da expressão de IGF-II, MMP-9 e TIMP-1 no sangue periférico como biomarcadores moleculares de prognóstico no CHC. O relatório também revelou uma expressão elevada do ARNm do IGF-II e da MMP-9, em contraste com uma regulação negativa significativa do TIMP-1 em doentes com CHC, em comparação com controlos saudáveis. Foi observada uma correlação significativa entre a MMP-9 e os diferentes estádios do CHC e uma correlação significativa entre a TIMP-1 e o estádio III e o estádio IV do CHC [82]. Além disso, a inibição das MMPs pelo TIMP-1 (inibidor tecidular da metaloprotease-1) diminui a degradação do IGFBP3 e, por conseguinte, a biodisponibilidade do IGF-II, apresentando efeitos antitumorogénicos [65]. Para além dos reguladores da sinalização do eixo IGF acima mencionados, os membros do eixo IGF e os seus reguladores são regulados pós-transcricionalmente por um conjunto de pequenos oligonucleótidos endógenos - os microRNAs.

1.2 MicroRNAs (miRNAs)

Os miRNAs são uma nova classe proeminente de RNAs não codificantes, curtos e iniciados endogenamente (ncRNAs) [83]. Embora os miRNAs tenham aproximadamente 23 nucleótidos de comprimento, medeiam a regulação da expressão genética pós-transcricionalmente[83, 84], controlando o tempo de desenvolvimento e as interações patógeno-hospedeiro, para além da diferenciação, proliferação, apoptose e tumorigénese em vários organismos[85]. Descobriu-se que os dois primeiros miRNAs, lin-4 e let-7a, descobertos em 1993 e 2000, respetivamente, controlavam o tempo de desenvolvimento do nemátodo C.elegans através do emparelhamento incompleto de bases com o 3'UTR do mRNA alvo, reprimindo a sua tradução. Desde então, foram descobertos milhares de miRNAs, e a base de dados de miRNA (miRBase) cataloga cerca de 2 000 miRNAs maduros em seres humanos, o que tem vindo a desmistificar o mito do "ADN lixo"[86-88].

1.2.1 Biogénese dos miRNAs

1.2.1.1 Localização genómica, transcrição e processamento dos miRNAs

Embora não haja consenso sobre a localização genómica dos miRNAs mais frequentes, estes mapeiam principalmente as regiões intergénicas como genes isolados ou agrupados (miRNAs intergénicos), em que os seus genes codificantes são unidades genéticas independentes, as regiões intrónicas de genes codificantes e não codificantes (miRNAs intrónicos) ou os exões de genes não codificantes (miRNAs exónicos) que dependem do promotor do gene hospedeiro [83, 8991].

A produção de miRNA é processada em três eventos principais: cultivo, exportação nuclear e dicing. Segue-se um processo canónico de várias etapas que começa no núcleo e termina no citoplasma [92-95]. No núcleo, os genes de miRNA são transcritos pela RNA polimerase II, dando origem a transcritos primários de miRNA (pri-miRNAs) longos, encapsulados e poliadenilados, variando de várias centenas a vários milhares de nucleótidos [96]. Caracterizam-se por estruturas em forma de laço devido à complementaridade das sequências, contendo o miRNA maduro na metade 5' ou 3' do laço. Estes pri-miRNAs são subsequentemente processados pelo complexo microprocessador nuclear que engloba a Digeorge Critical Region 8 (DGCR8), uma proteína de ligação ao RNA de cadeia dupla, posicionando os locais catalíticos da enzima RNase III Drosha, libertando uma estrutura curta em forma de grampo (~70 nucleótidos de comprimento) conhecida como miRNA precursor (pré-miRNA) [97, 98]. O pré-miRNA é exportado para o citoplasma pela Exportina-5 (XPO5) e pelo seu parceiro Ran-GTP [94, 99]. No citoplasma, os pré-miRNAs são ainda clivados perto da alça terminal pela enzima RNase III Dicer, gerando o~ duplex miRNA: miRNA* com 22 nucleótidos de comprimento [100-103].

Estes duplex de miRNA são desdobrados numa cadeia-guia (miRNA) e numa cadeia passageira (miRNA*). A cadeia-guia madura é carregada no Complexo de Silenciamento Induzido por RNA (RISC) em parceria com a proteína argonauta 2 (Ago2), enquanto a outra cadeia é um produto biológico não funcional da biogénese do miRNA [104, 105]. No entanto, vários estudos relataram que também os miRNA* têm uma expressão estável no citoplasma, sendo preferencialmente incorporados em complexos Argonauta, o que implica o seu importante papel biológico [106]. Tudo ilustrado na figura (3).

1.2.1.2 Mecanismo de ação dos miRNAs

O complexo miRNA-RISC é então direcionado para interagir com os seus mRNAs alvo. Os locais de ligação do miRNA no mRNA alvo, designados por elemento de reconhecimento do miRNA (MRE), emparelham-se com os 6-8 nucleótidos conhecidos como sequência de semente no 5' do miRNA. Em geral, este emparelhamento através da complementaridade perfeita dos nucleótidos desencadeia a degradação/desestabilização acelerada do miRNA do seu mRNA alvo ou impede a tradução dependente do ribossoma em caso de complementaridade imperfeita, diminuindo assim a expressão genética pós-transcricional [83, 107, 108].

Pelo contrário, como é evidente em casos raros, os miRNAs são capazes de ativar e melhorar a tradução do mRNA através da seleção da 3'UTR dos seus alvos. Além disso, vários exames computacionais apontaram para sítios putativos de miRNA na 5'UTR, na sequência promotora e na região de codificação dos seus alvos, desencadeando novas provas de repressão ou ativação da tradução do mRNA alvo e indução da expressão genética [109-113]. A figura (3) elucida a biogénese e o mecanismo de ação dos miRNAs.

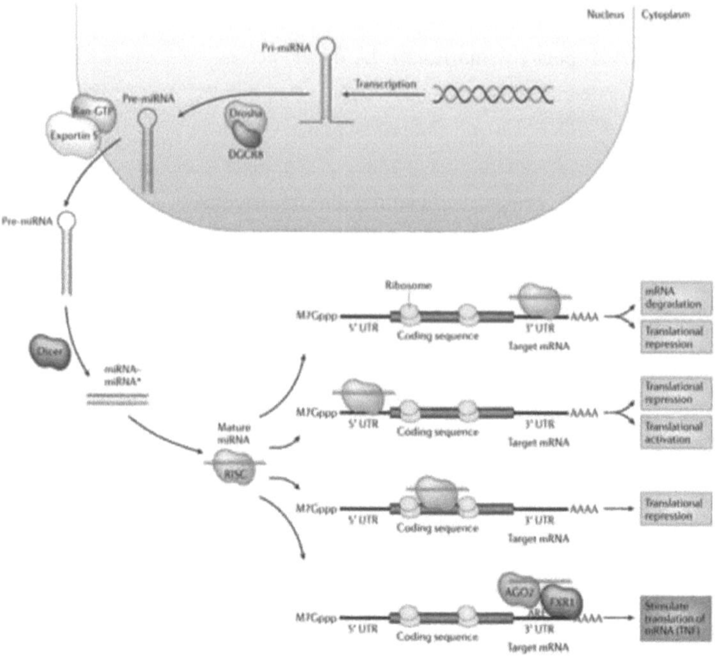

Figura 3: Biogénese dos miRNAs e seu mecanismo de ação.

No núcleo, o miRNA é inicialmente transcrito como pri-miRNA, depois processado em pré-miRNA por um complexo microprocessador composto por DGCR8/Drosha, sendo depois transportado para o citoplasma pela exportina 5 na presença do cofator Ran-GTP e posteriormente processado na sua forma madura por Dicer. O miRNA é então recrutado para o RISC e regula a produção de genes codificadores de proteínas. A interação dos miRNAs com o 3 ' UTR dos genes codificadores de proteínas é considerada como o principal mecanismo, que geralmente leva a uma diminuição da produção de proteínas, quer por degradação do mRNA, quer por repressão translacional. Estudos recentes sugeriram também que os miRNAs podem interagir com o 5' UTR dos genes codificadores de proteínas através de complementaridade e causar repressão ou ativação translacional das proteínas visadas. Além disso, os miRNAs podem ligar-se à região de codificação e causar repressão translacional. Além disso, a associação do argonauta 2 (Ago 2) e da proteína 1 (FXR1) relacionada com o atraso dos metais X frágeis com elementos ricos em (A+U) na região 3'UTR do ARNm do TNF alfa conduz a uma regulação positiva da tradução [115].

1.2.1 MicroRNAs no CHC

Os genes e outras moléculas reguladoras envolvidas em processos celulares como a inflamação, a regulação do ciclo celular, a resposta ao stress, a diferenciação, a apoptose e as migrações operam num concerto de redes irredutivelmente complexas e intrincadamente coordenadas, orquestradas por miRNAs de ~22 nucleótidos. Estes miRNAs potenciam a natureza do controlo combinatório, essencial para manter a homeostase celular normal, pelo que a sua desregulação pode desarmonizar a harmonia dos circuitos de sinalização dos oncogenes e dos genes supressores de tumores no interior de uma célula, conduzindo ao desenvolvimento e à progressão do cancro, incluindo o CHC[114].

1.2.1.1 MiRNAs oncogénicos

Foi referido que os miR-221 e miR-222 aumentam a resistência à apoptose induzida pelo TRAIL, regulando negativamente o PTEN e o inibidor da metaloproteinase 3, TIMP3[116]. Além disso, o fator modificador de Bcl-2 (Bmf) e o modulador da apoptose regulado por p53 (PUMA), dois membros da família Bcl-2 pró-apoptótica, são visados pelo miR-221[117, 118]. Além disso, os miR-17-5p, miR-106b e miR-93 promovem a patogénese do CHC inibindo a apoptose induzida pelo E2F-1 [119, 120]. A ativação da via PI3K/AKT/mTOR e o aumento da proliferação e sobrevivência celular foram demonstrados através da ativação de proteínas a jusante dos receptores de tirosina quinase activados por numerosos miRNAs. Por exemplo, a PTEN é regulada negativamente por muitos oncomiRs que são frequentemente regulados positivamente no CHC, miR-216a, miR-21, miR-148a, miR-221/222 e miR-29a [121-124]. O miR-155 é também um miRNA hepatogénico bem caracterizado.

1.2.1.2 Supressores de tumores

Tem sido implicado que a regulação negativa dos miRNAs que se aproximam promove a carcinogénese hepática. Por exemplo, foi demonstrado que alguns membros da família let-7 de miRNAs controlam a expressão de várias proteínas que conferem caraterísticas tumorigénicas a hepatócitos; por exemplo, regulam negativamente a proteína anti-apoptótica B-cell lymphoma-extra large (Bcl-xL)[125] , o fator de transcrição oncogénico c-Myc e regulam positivamente o gene supressor de tumores, p16 (INK4A)[126].Além disso, o miR-122 específico do fígado regula negativamente a proteína anti-apoptótica Bcl-2-like 2 (Bcl-w) [127] e Wnt1, afectando a via de sinalização Wnt/β- catenin-TCF, inibindo assim o crescimento das células CHC e promovendo a apoptose celular [128]. Além disso, o miR-122 suprime a migração, a tumorigénese, a angiogénese e a invasão local in vivo, regulando negativamente a desintegrina e a metaloprotease 17 (ADAM17) [128]. Do mesmo modo, o miR-122 pode inibir a angiogénese e as metástases intra-hepáticas, suprimindo a expressão da enzima conversora do fator de necrose tumoral-α (TACE) [128]. Por último, o fator de crescimento derivado do hepatoma (HDGF), um promotor da angiogénese tumoral, é um alvo a jusante de outro miRNA supressor de tumores, o miR-214, que é regulado negativamente no CHC [127]. Para além do supressor tumoral identificado pelo nosso laboratório, o miR-615-5p.

1.2.1.2.1 MiR-155

O MiR-155 está localizado e é processado a partir de um exão de um ARN não codificante transcrito a partir do B-cell Integration Cluster (BIC) localizado no cromossoma 21q21.3[129].

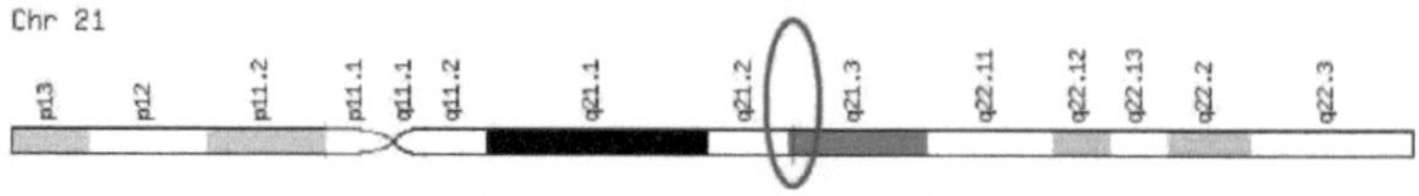

Figura 4: Mapeamento cromossómico do gene miR-155.

Representação esquemática do locus do gene MIR155; o mapeamento cromossómico mostrou que o gene MIR155 está localizado no cromossoma somático 21, braço longo, região 21, banda 3[4].

Verificou-se que o gene miR-155 se encontra sobreexpresso em vários tumores sólidos, como o carcinoma da tiroide, o cancro da mama, o cancro do cólon, o cancro do colo do útero, o adenocarcinoma ductal pancreático (PDAC) e o cancro do pulmão, sendo considerado um marcador de mau prognóstico [130-138]. Por exemplo, em células Jurkat de leucemia de células T humanas e em células de cancro da mama MDA-MB-453, verificou-se que o miR-155 suprimia a atividade da caspase-3 [139]. De facto, a expressão excessiva de miR-155 é seguida de uma diminuição substancial da proteína nuclear 1 induzida pela proteína tumoral 53 (TP53INP1), que é uma proteína nuclear capaz de induzir a paragem do ciclo celular e a apoptose através da ativação da caspase-3 [140]. Entre os tumores sólidos em que o miR-155 é regulado positivamente encontra-se o CHC. Um aumento notável da expressão do miR-155 nos hepatócitos de doentes infectados pelo VHC inibe a APC e ativa a sinalização da Wnt/β-catenina. Assim, promove a proliferação e inibe a apoptose dos hepatócitos, mas não tem efeito significativo na migração celular [141]. O nosso laboratório revelou recentemente que o miR-155 exibe as suas propriedades oncogénicas através da regulação ascendente dos oncogenes IGF-II e IGF-IR e da regulação descendente do supressor de tumores IGFBP-3, o que conduz a um resultado final de carcinogenicidade exagerada das células do CHC [142]. Além disso, uma sobrevivência mais curta e um risco acrescido de recorrência do CHC após um transplante ortotópico de fígado estão correlacionados com a expressão excessiva do miR-155[143]. A participação do miR-155 na tumorigénese levou a que seja agora considerado um alvo terapêutico em vários tipos de cancro [144-146].

1.2.1.2.2 MicroRNA-615-5p

O miR-615-5p está localizado no cromossoma 12. O gene pré-miR-615-5p é transcrito a partir do Locus 12q13.13, começando em 54.427.734 pb e terminando em 54.427.829 pb. O processamento posterior da estrutura em forma de ansa, precursora de 96 nucleótidos, produz uma sequência de 22 nucleótidos de miR-615-5p no núcleo. A sequência de nucleótidos do miR-615-5p maduro é 5'-gggggggucccggugcucggauc-3'.

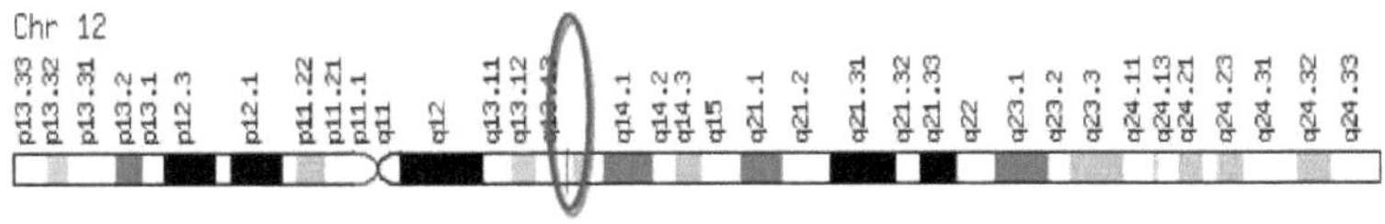

Figura 5: Mapeamento cromossómico do gene pré-mir-615.

Representação esquemática do locus do gene pré-mir-615; o mapeamento cromossómico mostrou que o gene pré-mir-615 está localizado no cromossoma somático 12, braço longo, região 13, banda 3[4].

Foi demonstrado que o miR-615 é codificado a partir de ilhas CpG localizadas no gene HOX, aumentando a sua suscetibilidade de regulação epigenética por metilação do ADN. Este facto foi comprovado por um estudo que demonstrou que o tratamento de células de cancro da próstata (LNCaP) com 5-Aza-CdR, um inibidor da metilação do ADN, conduziu a uma sobreexpressão do pri-miR-615, aliviando a sua repressão epigenética[147] . Os resultados acima referidos foram confirmados por outro estudo realizado na linha celular k-562, em que as ilhas CpG a montante do pré-miR-615 foram metiladas; inversamente, o tratamento com 5-Aza-CdR não afectou a transcrição do miR-615-5p. Uma razão possível é o facto de os seus promotores não se encontrarem nas ilhas CpG detectadas [148]. No PDAC (adenocarcinoma ductal pancreático), o miR-615-5p foi também identificado como supressor de tumores. Os resultados demonstram que o miR-615-5p foi anormalmente desregulado devido à hipermetilação do promotor, o que limitou a sua inibição do IGF2 e de outros genes-alvo, contribuindo assim para o crescimento, a invasão e a migração do tumor[149]. Verificou-se que o miR-615-5p estava regulado para baixo nas células Sca-1^{+} CD34^{+} iniciadoras de tumores do adenocarcinoma do pulmão[150]. No CHC, o miR-615-5p foi primeiramente caracterizado pelo nosso laboratório como um supressor de tumores através da ação direta sobre o IGF-II. Embora não tenha sido detectado em fígados normais, o miR-615-5p foi preferencialmente expresso em CHC, tecidos hepáticos cirróticos e linhas celulares de CHC. Além disso, a expressão forçada do miR-615-5p em linhas celulares de CHC conduziu a uma diminuição significativa do crescimento e da migração celulares [151]. Embora o miR-615-5p tenha sido identificado como supressor de tumores em vários tipos de cancro, o seu papel nas células imunitárias permanece tentadoramente vago.

1.2.2 Tratamento do CHC

O tratamento do carcinoma hepatocelular vicioso tem sido um desafio. Nos últimos anos, a sobrevivência a curto prazo do CHC melhorou, com os avanços significativos nos tratamentos cirúrgicos e nas terapias loco-regionais [152]. Tradicionalmente, existe uma variedade de modalidades terapêuticas disponíveis para o CHC, incluindo a ressecção curativa, o transplante hepático, a ablação por radiofrequência, a quimioembolização transarterial e a radioembolização [152] . Para um tratamento ótimo, é necessária uma abordagem multidisciplinar, dependendo do estádio do tumor, do estado de desempenho do doente e da reserva da função hepática, para gerir o CHC através das modalidades de tratamento tradicionais. No entanto, apenas 30-40% dos doentes com CHC são elegíveis para estes tratamentos curativos e a doença recorrente constitui um obstáculo à decifração de um código de tratamento absoluto [152] . Posteriormente, surgiu a terapia molecular direcionada para os doentes com estádios avançados da doença. Atualmente, o sorafenib, um inibidor oral da cinase com múltiplos alvos, é a única terapêutica aprovada. Possui um potente efeito anti-angiogénico e anti-proliferativo em doentes com CHC avançado, melhorando a sua sobrevivência, no entanto, por um período prolongado de 2,8 meses, que é consideravelmente baixo [153]. Consequentemente, estão a ser desenvolvidas novas estratégias para um tratamento eficaz, a fim de controlar a progressão do CHC através do reforço do sistema imunitário do organismo. Assim, o campo nascente da imunoterapia, que inclui vacinas contra o tumor baseadas em citocinas, vacinas mediadas por células, anticorpos monoclonais, adjuvantes imunitários e terapias imunitárias profilácticas, é adotado para modalidades de tratamento mais eficazes e menos tóxicas[154]. Evidentemente, o papel das células NK como os componentes inatos mais poderosos da defesa do hospedeiro contra os tumores mudou a direção do tratamento do CHC para uma terapia imunológica como abordagem promissora[155].

1.3 Células assassinas naturais (células NK)

As células assassinas naturais humanas são as sentinelas nativas do sistema imunitário inato. As células NK são linfócitos citolíticos granulares de grandes dimensões. Têm origem nas células estaminais hematopoiéticas (HSC) e sofrem maturação principalmente na medula óssea (BM)[156]. Constituem 2-18% de todos os linfócitos circulantes; também se encontram em tecidos periféricos como o fígado, a cavidade peritoneal e a placenta[157, 158]. A "citotoxicidade natural" delineia um fenómeno que contribui eficazmente para as células NK como primeira linha de defesa contra infecções virais e, de um modo mais geral, contra agentes patogénicos sem sensibilização prévia[159-166]. As células NK também estão envolvidas na vigilância imunitária contra os tumores e impedem a disseminação de tumores metastáticos [167, 168]. Estas funções efectoras são mediadas pela citotoxicidade celular, para além da secreção de várias quimiocinas e citocinas [168]. As células NK, em comunicação cruzada com as células imunitárias, também desempenham um papel regulador na mediação da imunidade adaptativa antitumoral das células T e B que, pelo contrário, requerem uma preparação inicial para a expressão da sua atividade[169, 170]. Os intervenientes sofisticados da imunidade inata; as células NK exibem propriedades morfológicas, fenotípicas e funcionais distintas das células T e B [171].

1.3.1 Morfologia e subgrupos de células NK humanas

Do ponto de vista fenotípico, as células NK humanas caracterizam-se pela expressão de CD56 e pela ausência do marcador de superfície das células T CD3. Além disso, a coexpressão de CD16 (FCγRIIIA, o recetor de baixa afinidade para IgG) na maioria das células NK sanguíneas torna-as fortes mediadoras da citotoxicidade celular dependente de anticorpos (ADCC) contra células revestidas com IgG [172].

No entanto, os compartimentos celulares não homogéneos das células NK dividem-nas distintamente em duas subpopulações com base na densidade da superfície celular CD56. Por conseguinte, foram propostos vários modelos relativamente à filogenia e à ontogenia destes subconjuntos de NK humanas. Inicialmente, as células CD56bright ou CD56dim podiam diferenciar-se a partir de um precursor comum de células NK, actuando cada uma como uma entidade separada. Dependendo do microambiente, a interação entre estes dois subgrupos constitui uma segunda possibilidade. Em terceiro lugar, as CD56bright podem ser precursoras das CD56dim (ou vice-versa) [173, 174]. A fraca compreensão da sua origem e a possível relação entre os subgrupos continua a ser controversa. No entanto, cada subgrupo tem funções distintas [175, 176].

No sangue periférico, a expressão de baixa densidade de CD56 (CD56dim) e a expressão elevada de CD16 constituem a maioria (90%) das células NK humanas, enquanto as células CD56bright constituem os restantes 10%[176]. As células NK CD56bright são assim designadas porque exprimem um nível 5 a 10 vezes superior de CD56 e apresentam uma expressão nula ou, no máximo, fraca de CD16 [202]. Em contrapartida, as células NK com CD56bright predominam nos gânglios linfáticos e nos tecidos inflamados [177]. Funcionalmente, as células CD56dim representam "células NK clássicas" com uma forte capacidade citotóxica envolvida na citotoxicidade celular natural e mediada por AB [174, 178, 179]. Em contrapartida, as células NK CD56bright caracterizam-se por uma maior produção de citocinas e por uma função imuno-reguladora, mas com fracas propriedades de destruição [180].

1.3.2 Vias de sinalização das células NK

Por sua vez, a integração das vias de transdução de sinal moduladas in vivo por várias citocinas imunes solúveis, incluindo IL-2, IL-12, IL-15 e IFN-a/e[158, 167]. Além disso, as interações célula-a-célula que envolvem diferentes tipos de células, principalmente células dendríticas [167, 181], macrófagos e células estromais mesenquimais [182, 183], determinam as respostas efectoras das células NK[184, 185].

Por exemplo, a interleucina-2 (IL-2) liga-se ao seu recetor correspondente; o recetor de IL-2 (IL-2R), que é composto por três subunidades: IL-2Ra (CD25), IL-2Re (CD122) e a cadeia γ comum (yc, CD132), activando subsequentemente as vias de sinalização intracelular a jusante: a via JAK-STAT, a via MAPK-ERK e a via PI3K-AKT- mTOR, que promovem a proliferação, a citotoxicidade e a sobrevivência das células NK[186-188]. De forma complexa, o IL-15R é um recetor heterotrimérico constituído por uma cadeia α única, uma subunidade β partilhada com a IL-2 e uma subunidade γ comum a várias citocinas [189]. O envolvimento de IL-15R nas células NK provoca a auto-fosforilação de e a ativação de Janus kinases (JAK1 e JAK3), que induzem pelo menos três cascatas de sinalização paralelas: Ras-Raf-MEK, PI3K-AKT-mTOR e vias STAT 5 [187, 189]. Além disso, foi recentemente demonstrado que a via PI3K-AKT-mTOR é activada de forma crítica pela Interleucina-15 (IL-15) mais potente, permitindo a homeostase, maturação e ativação das células NK. Além disso, esta via está também implicada numa vasta gama de funções efectoras das células NK induzidas pela IL-15, como a proliferação, a produção de citocinas e a citotoxicidade[190]. A co-ativação das células NK por IL-12 e IL-18 ou IL-15 resulta na produção de IFN-γ e na desativação do TGF-β; a cascata de sinalização imunossupressora [191]. A IL-21 liga-se ao recetor yc, partilhado com a IL-2 e a IL-15, e ao recetor IL-21Rβ , que é semelhante ao IL-2Rβ, , depois uma série de vias de sinalização intracelular. Assim, estimula a proliferação celular, a sobrevivência, a secreção de IFN-y e a citotoxicidade das células assassinas naturais[192, 193]. Tudo mostrado na figura (6)

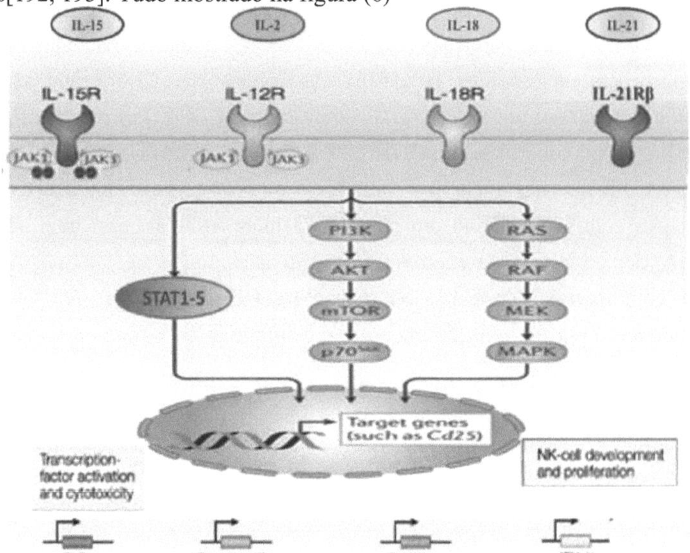

Figura 6: Vias de sinalização das células NK [158, 167].

A IL-2/IL-15/IL-18/IL-21 liga-se ao seu recetor correspondente; IL-2R/IL-15R/IL-18R/IL-21R, activando subsequentemente as vias de sinalização intracelular a jusante; a via JAK-STAT, a via MAPK-ERK e a via PI3K-AKT-mTOR que promovem a proliferação e a sobrevivência das células NK, as funções efectoras das células NK, como a citotoxicidade (FASL, granzima B, Perforin) e a produção de citocinas (IFN-γ).

1.3.3 Repertório de receptores activadores e inibidores das células NK

Nas últimas duas décadas, a descoberta do sistema de deteção das células NK foi fundamental para a definição de várias estratégias de reconhecimento e para o aparecimento do conceito de equilíbrio dinâmico [194, 195].Inclui uma variedade de receptores activadores e inibidores da superfície celular, que reconhecem ligandos expressos por células tumorais ou infectadas por vírus; o envolvimento dos quais regula as actividades das células NK na discriminação das células-alvo de outras células "próprias" saudáveis [194, 195]. É ele que determina se as células NK são ou não activadas para matar as células-alvo, conforme ilustrado na figura (7) [195].

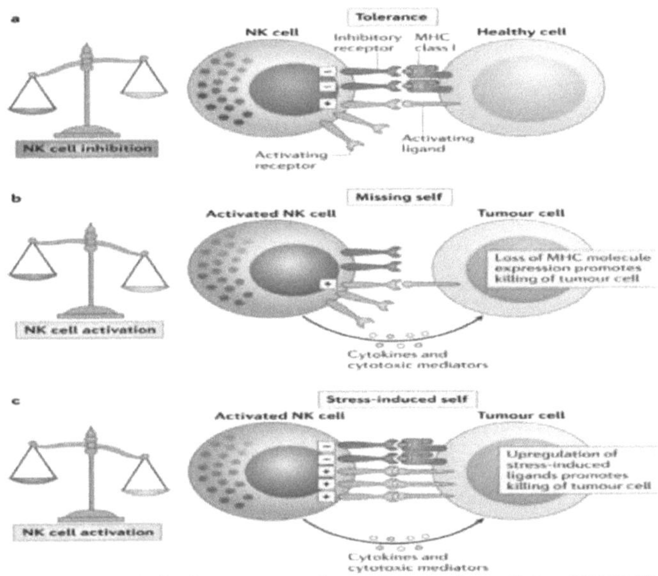

Figura 7: O equilíbrio dinâmico que regula a ativação das células NK [202-203].

(a) Tolerância das células NK em relação às células saudáveis; os ligandos do MHC de classe I à superfície das células normais ligam-se aos receptores inibitórios das células NK, controlando a atividade destas últimas. (b) A perda de expressão dos ligandos MHC de classe I deixa a célula suscetível à lise mediada por NK através de citocinas e grânulos citotóxicos, o que se designa por: Missing self. (c) No self induzido pelo stress, a anulação dos sinais dos receptores inibitórios ocorre através da expressão excessiva de ligandos activadores induzidos pelo stress, matando assim as células alvo[196][204][200].

1.3.3.1 Receptores inibitórios e seus ligandos

A auto-vigilância imunitária da atividade das células NK é inibida através do reconhecimento do complexo principal de histocompatibilidade (MHC) de classe I, virtualmente expresso por todas as células saudáveis, pelos receptores inibitórios das células NK em condições fisiológicas normais[197, 198]. Estes receptores compreendem os receptores inibitórios do tipo imunoglobulina killer (KIRs), glicoproteínas monoméricas do tipo 1 da superfamília das imunoglobulinas que se ligam aos ligandos clássicos do MHC de classe Ia (HLA-A, B e C), e o recetor inibitório CD94-NKG2A heterodimérico, do tipo lectina C, que se liga ao MHC não clássico de classe Ib (HLA-E), como se mostra na figura (8)[195, 199, 200]. O reconhecimento do HLA-E pelos receptores **NKG2A/CD94** permite às células NK monitorizar a expressão de outras proteínas HLA de classe I nas células. O CD94 domina a interação com o HLA-E, enquanto o NKG2A é mais periférico na interface[201]. Uma vez que a expressão do HLA-E na superfície celular ligado a péptidos depende da produção de proteínas MHC-I clássicas e não clássicas, das quais estes péptidos derivam [201- 203], este mecanismo de dupla verificação garante que as células estão a produzir moléculas MHC-I de forma normal.

Mesmo na ausência de auto-tolerância mediada por KIRs-MHC de classe Ia, outros sistemas de receptores-ligandos inibitórios ajudam as células NK a determinar se a tolerância do tecido hospedeiro é adequada. A apoiar os outros receptores NK inibitórios, está o recetor do tipo lectina do tipo C NKR-P1A (CD161) que interage com um ligando não MHC codificado pelo hospedeiro "lectin-like transcript-1 (LLT-1)" ilustrado na figura (8)[204, 205]. É interessante notar que o envolvimento dos receptores inibitórios NK, incluindo o NKG2A, com os seus ligandos ativa os mesmos mecanismos de sinalização. Após a fosforilação dos motivos de inibição baseados em tirosina dos receptores inibitórios citoplasmáticos (ITIMs), os alvos a jusante: As fosfatases contendo o domínio de homologia Src 2 (SHP-1 e SHP-2) são recrutadas diretamente para antagonizar as vias de sinalização dos receptores activadores [206-210]. Estas tirosina fosfatases suprimem as respostas das células NK através da desfosforilação dos substratos proteicos das tirosina quinases "ITAMs" ligadas aos receptores de ativação. Consequentemente, interrompem o influxo de Ca2+, a desgranulação, a produção de citocinas e a proliferação das células NK. De notar que estes eventos são transitórios, espacialmente localizados e não interferem com a capacidade de as mesmas células NK serem activadas quando encontram células alvo virais ou tumorais subsequentes[211].

1.3.3.2 Receptores de ativação e seus ligandos

Em casos de infeção viral e de transformação maligna, o stress celular regula frequentemente os ligandos dos receptores de ativação e regula negativamente a expressão do MHC de classe I[195, 212, 213]. A interação e a cooperação dos receptores activadores NK criam um limiar crítico de sinalização que excede a influência contrabalançadora dos receptores inibidores, para que as células NK possam montar uma resposta produtiva[211]. Os receptores activadores abrangem moléculas adaptadoras, como a DAP12, que contém motivos activadores baseados em tirosina de imunorreceptores (ITAMs), enquanto outros receptores, como o NKG2D, se ligam a proteínas que não contêm ITAMs, proporcionando às células NK um forte estímulo[195, 212, 213]. Atualmente, foram caracterizados nas células NK vários receptores de ativação, incluindo o NKG2D, os receptores de citotoxicidade natural (NCR), os receptores do tipo nectina e nectina e o NKp80[214-218]. Estes receptores NCR englobam o NKp46, o NKp44 e o NKp30, tendo-se verificado que desempenham coletivamente um papel central no reconhecimento e destruição das células tumorais [219]. A interação destes receptores com os seus ligandos análogos inclui o transcrito 3 associado ao antigénio B dos leucócitos humanos (BAT-3) e B7H6 para NKp30, uma nova isoforma da proteína da leucemia de linhagem mista-5 (MLL5) para NKp44 e Nectina-2 (CD112) para DNAM-1, e MICA/B e ULBPs para NKG2D [220, 221], todos representados em na figura (8).

O NKG2D é talvez um dos mais bem caracterizados entre os receptores de ativação das células NK. É um potente imunorreceptor estimulador, do tipo lectina C, que é expresso em células NK, células NKT, células T γδ+ e células T CD8+. Reconhece pelo menos 6 ligandos com homologia MHC de classe I. MICA, MICB e ULBP4 são proteínas transmembranares [218, 222], enquanto as ULBP1, 2 e 3 são proteínas ancoradas em glicofosfatidilinositol (GPI) [220]. É importante notar que estes ligandos NKG2D não são expressos em tecidos normais, mas sim induzidos durante períodos de stress genotóxico ou celular, como se verifica na transformação viral e maligna [223]. Ao contrário dos outros receptores activadores, o NKG2D não utiliza o ITAM como péptido de sinalização. No entanto, após a interação recetor-ligando, o NKG2D fosforila uma proteína adaptadora DAP-10 que recruta e ativa a fosfatidilinositol3 (PI-3) quinase, o que, por sua vez, resulta numa citotoxicidade dependente da perforina [224, 225]. Os tumores exploram a sua vulnerabilidade comum e desarmam as células NK e os sistemas efectores das células T citolíticas, visando a NKG2D. Este facto chama a atenção para os cancros epiteliais que libertam ligandos MICA/B para o soro; estes ligandos solúveis modulam negativamente a expressão de NKG2D nestas células efectoras, com a consequente redução da sua eficácia citolítica [226-229]. A figura (8) apresenta uma panorâmica dos receptores e dos ligandos [248].

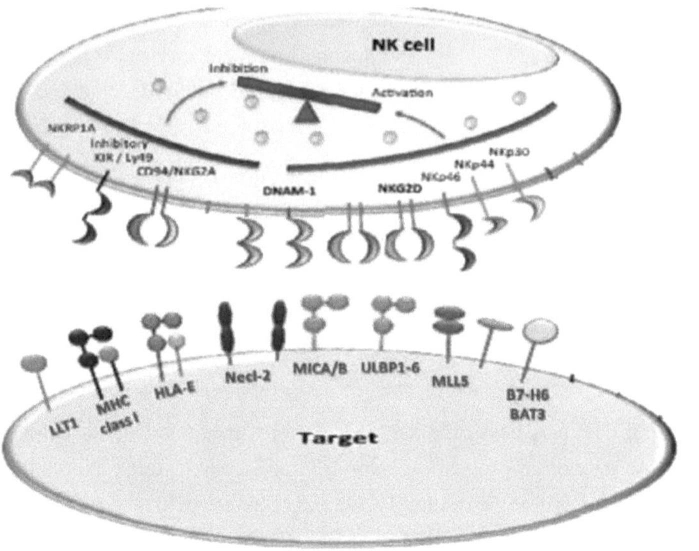

Figura 8: O equilíbrio dinâmico que regula a ativação das células NK [248].

As células NK dependem de um vasto conjunto combinatório de receptores, em vez de possuírem um recetor dominante para iniciar as suas funções efectoras. Nos casos de infeção viral e de transformação maligna, o stress celular regula frequentemente os ligandos dos receptores de ativação e regula a expressão do MHC de classe I. Estes receptores incluem os receptores inibitórios do tipo imunoglobulina (KIRs) que se ligam ao HLA-A, B e C clássico e os receptores inibitórios CD94-NKG2A que se ligam ao MHC de classe Ib não clássico (HLA-E). Receptores inibitórios de reserva como o NKR-P1A (CD161) que interage com um ligando não-MHC "lectin-like transcript-1 (LLT-1)". Para equilibrar, os receptores de ativação incluem os NCR (NKp30, NKp44 e NKp46) que interagem com os seus ligandos, incluindo a transcrição associada ao antigénio leucocitário humano B 3 (BAT-3) e B7H6 para o NKp30 e a proteína da leucemia de linhagem mista 5 (MLL5) para o NKp44. Além disso, Nectina-2 para DNAM-1 e MICA/B e ULBPs para receptores de ativação NKG2D.

1.3.4 Funções efectoras das células NK

1.3.4.1 Citotoxicidade das células NK

O processo de erradicação das células tumorais pelas células NK tem início com a integração da sinalização dos receptores activadores e inibidores [184]. Por exemplo, o CD16 (o recetor FcγRIIIa) é um dos principais receptores de ativação que reconhece as células-alvo revestidas de anticorpos, e a morte através deste modo de ativação é referida como ADCC. Os seguintes eventos de reconhecimento desencadeiam os mecanismos naturais de morte das células NK, que incluem a exocitose dos grânulos e os receptores de morte. Na exocitose dos grânulos, a perforina, as granzimas e outras proteínas efectoras da citotoxicidade contidas nos grânulos citotóxicos são libertadas numa sinapse citotóxica apertada. **A perforina** é uma proteína multi-domínio, formadora de poros [230, 231]. É considerada crucial para a atividade lítica dos linfócitos citotóxicos, incluindo as células NK, onde o gene da perforina é transcrito constitutivamente [232-234]. No entanto, a expressão da perforina é mais baixa nas células NK CD56^{bright} do que nas células NK CD56^{dim} mais maduras. Na sinapse imunológica, a perforina facilita a entrada das serino-proteases; granzimas nas células alvo. As granzimas induzem uma morte celular do tipo apoptótico através de mecanismos dependentes e independentes da caspase. A atividade das granzimas reforça a produção de espécies reactivas de oxigénio, danos nas mitocôndrias e fragmentação do ADN [230, 231]. Por conseguinte, uma redução ínfima da expressão de perforina está correlacionada com uma supressão acentuada da citotoxicidade das células NK, devido à incapacidade de introduzir granzimas no citosol da célula-alvo [260].

Uma segunda via para induzir a morte celular é a utilização de receptores de superfície celular. As moléculas pró-apoptóticas mais comuns são o ligando Fas (FasL) e o ligando indutor de apoptose relacionado com o TNF (TRAIL), que se localizam nos grânulos líticos das células NK [235238]. O FasL e o TRAIL são expostos na superfície das células NK após a fusão dos grânulos líticos com a membrana plasmática [239, 240]. A ligação dos receptores TRAIL ou Fas na superfície celular da célula-alvo por TRAIL ou FasL, respetivamente, leva à trimerização dos receptores. Subsequentemente, o complexo de sinalização indutor da morte ativa a cascata de caspases e induz a apoptose [241, 242]. Tudo explicitamente apresentado na figura (9).

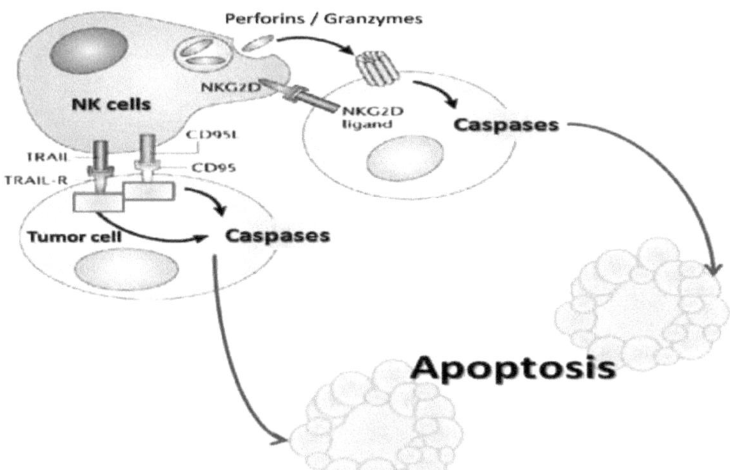

Figura 9: Funções efectoras das células NK contra as células tumorais [249].

Ao reconhecerem as células tumorais, as células NK libertam o conteúdo dos grânulos citotóxicos na fenda intracelular entre as células NK e as células tumorais. Os grânulos contêm perforinas que perturbam a membrana das células tumorais e permitem a entrada de proteases denominadas granzimas, que medeiam a apoptose das células-alvo através de vias dependentes e independentes da caspase. As células NK também expressam o ligando Fas (CD95L) ou o ligando de apoptose relacionado com o fator de necrose tumoral TRAIL. Estes ligandos ligam-se e activam os seus receptores complementares; Fas (CD95) e TRAIL nas células tumorais, respetivamente, que induzem a apoptose do tumor.

1.3.4.2 Produção de citocinas pelas células NK e ligação em rede imunitária

É importante salientar que o aumento dos mecanismos de morte das células NK acima referidos é conseguido através da produção de citocinas e quimiocinas pelas células NK após a sua estimulação. Os protótipos das citocinas efectoras produzidas pelas células NK são o IFN-γ e o TNF-α. Quando segregadas de forma coordenada, podem induzir a morte de células tumorais senescentes. Têm acções efectoras pleotrópicas sobre outras células imunitárias, células apresentadoras de antigénios e células alvo infectadas por vírus ou malignas. São também produzidas citocinas imuno-reguladoras adicionais, tais como IL-5, IL-10, IL-13, o fator de crescimento GM-CSF e as quimiocinas MIP-1a, MIP-Iβ, IL-8 e RANTES, o que depende do tipo de estimulação das células NK e do tempo decorrido após a ativação. Para imunidade antitumoral,

As citocinas das células NK podem promover respostas das células T do tipo Th1, ativar células apresentadoras de antigénios e induzir a morte de células tumorais para facilitar a apresentação de antigénios. Estes mecanismos indirectos levam os investigadores a especular que poderá ser possível conceber estratégias imunoterapêuticas adaptadas às células NK contra o cancro, independentemente do aumento da desgranulação das NK [243-250].

1.3.5 Estado das células NK no CHC

Vários dados sugerem que os defeitos funcionais das células NK observados no CHC podem ser responsáveis pelo fracasso das respostas imunitárias antitumorais. Em particular, a estimulação in vitro das células NK do perfusato hepático de doentes com CHC por IL-2 revelou uma citotoxicidade suprimida contra a linha celular do CHC, em comparação com as células NK periféricas e as células NK saudáveis do perfusato hepático do dador[251]. Em 2008, um estudo realizado por Lun Cai et al. indicou uma redistribuição dramática e graves deficiências na atividade citotóxica e na produção de IFN-γ por subgrupos de NK de doentes com CHC [252]. Numericamente, foi demonstrada uma diminuição tremenda da porção periférica do total de células NK em doentes com CHC, em comparação com as células NK de controlos saudáveis. A nível fenotípico, verificou-se uma inversão clara do rácio CD56dim/CD56bright dos subconjuntos NK no sangue periférico em todos os estádios do CHC. Neste caso, as células NK CD56bright expandiram-se, em contraste com as células NK

CD56dim que foram suprimidas em doentes com CHC de todas as fases [290]. O estudo relatou uma expressão normal dos receptores de células NK, incluindo: NKG2A, NKG2D, NKp46 e NKP30 nas fases iniciais. No entanto, verificou-se uma redução acentuada das granzimas A, B e perforinas nos doentes com CHC avançado, em comparação com os doentes com CHC em estádio I e os controlos saudáveis. Por conseguinte, as células NK dos doentes com CHC apresentavam uma produção de grânulos funcionalmente diminuída e, consequentemente, citotoxicidade [290]. A nível das citocinas, o mesmo estudo demonstrou uma capacidade gravemente comprometida das células NK para produzir IFN-γ [290]. Num entendimento abrangente, a perda de respostas imunitárias anti-tumorais correlacionou-se com a elevada quantidade de células Treg supressoras [290]. Um estudo recente de Jie Zhang et al., em 2014, examinou uma diminuição da expressão de MICA nos tecidos de CHC em comparação com os tecidos não cancerosos adjacentes [253]. De forma controversa, um estudo realizado por Fathy.A em 2009 em doentes egípcios com CHC induzido pelo VHC demonstrou que as contagens absolutas dos subconjuntos de células NK escuras e brilhantes estavam diminuídas. Além disso, verificou, numa base semelhante à da literatura anterior, que os doentes com CHC apresentavam uma redução acentuada da frequência relativa dos subconjuntos CD56im periféricos em comparação com indivíduos saudáveis [254].

1.3.6 Regulação das células NK por miRNAs

Na imunidade, o papel da regulação mediada por miRNA para influenciar o desenvolvimento e as funções periféricas está bem caracterizado nos linfócitos T e B adaptativos, sendo claramente apoiado por modelos de ratinhos de ganho e perda de função de miRNA[255]. Um grande repertório de miRNAs maduros é expresso pelas células NK[256], mas a regulação por miRNA da função das células NK continua a ser uma questão fundamental no domínio das células NK[257]. Para responder a esta questão, os genes críticos de processamento de miRNADicer1 e DGCR8 foram eliminados, resultando na "perda global" da expressão de miRNA maduro [258]. O impacto desta perda de miRNA mostrou um aumento da apoptose das células NK, perda selectiva de células NK maduras, redução da expressão superficial dos receptores NKG2D, associada a uma produção reduzida de *IFN-γ* e desgranulação (expressão superficial de CD107a)[258]. Para além do aumento da abundância global de miRNA nas células NK deficientes em Eri1 (exo- ribonuclease, um regulador negativo da abundância global de miRNA) [259]. A preponderância das provas sugere que a sobre-expressão ou repressão global dos miRNAs perturbou a homeostase das células NK e conclui que os miRNAs são reguladores essenciais do desenvolvimento das células NK. Ampliar os efeitos intrínsecos de cada miRNA na regulação das células NK é o principal objetivo da investigação em curso[260].

1.3.6.1 Regulação do miRNA no desenvolvimento das células NK

Até à data, o miR-150 regula o desenvolvimento de NK através da ativação de c-Myb, tal como nos linfócitos B e T. Além disso, o miR-181a/b tem como alvo a NEMO-like kinase (NLK), um regulador negativo da via Notch, essencial para o desenvolvimento dos linfócitos. A expressão do miR-181 aumentou paralelamente às fases de maturação das células NK humanas, regulando o desenvolvimento das células NK [261-263].

1.3.6.2 Regulação por miRNA da produção de citocinas pelas células NK

Descobriu-se que três famílias de miRNA têm como alvo específico o IFN-γ ou genes imediatamente a montante da sua indução: miR-29, miR-155 e miR-15/16. O miR-29 regula indiretamente a via do IFN-γ nas células NK e T, visando diferentes intermediários [264, 265]. Tal como ilustrado por um modelo de esponja in vivo que visa o miR-29, a produção de proteína IFN-γ aumentou [264] e a incapacidade de identificar o IFN-γ 3'UTR murino como um alvo direto do miR-29 utilizando o plasmídeo sensor de luciferase [266]. O miR-155 é referido como um regulador positivo da produção de IFN-γ a partir de células NK humanas maduras após a ativação de IL-12 e IL-18, através da repressão de SHIP-1[267], um regulador negativo estabelecido da produção de IFN-γ induzida por PI3 K, e não se prevê que tenha como alvo direto o IFN-Y3-UTR humano ou do ratinho[268]. Por outro lado, prevê-se computacionalmente que os membros da família *miR-15/16* tenham como alvo o *IFN-γ* 3_UTR murino, o que foi confirmado in vitro por experiências com sensorplasmídeo de luciferase e demonstrou-se que são regulados negativamente em células NK primárias após a ativação de citocinas [266].

1.3.6.3 Regulação da citotoxicidade das células NK pelo miRNA

A sobre-expressão do miR-27a-5p em células NK diferenciadas in vitro (progenitores hematopoiéticos CD34+ cultivados durante várias semanas em condições de diferenciação das células NK), observou uma redução das proteínas GzmB e Prf1, tendo como alvo os seus 3_UTRs [269]. Paradoxalmente, a ativação com IL-15 leva a uma regulação positiva deste miRNA, diminuindo a produção de GzmB e Prf1. Em contraste com o modelo de reostato do miR-27a-5p, após a estimulação com IFN-γ, a expressão de miR-378 e miR-30e maduros é reduzida, libertando a repressão de GzmB e Prf1. Além disso, a nucleofecção de esponjas de miRNA contra o miRNA-378 ou o miR-30e em células NK-92 conduz a uma maior citotoxicidade contra alvos tumorais K562. A sobre-expressão ou a inibição do miR-30c-1-3 resultaram numa alteração da mortalidade contra duas linhas celulares de hepatoma. Referido a isso, miR-30c-1-3p (miR-30c-1*) demonstrou ter como alvoHMBOX1, um fator de transcrição inibitório da secreção de citocinas [270, 271].

1.3.6.4 Regulação do reconhecimento das células NK

Os miRs-20a, 93, 106b, 372, 373 e 520d foram examinados como reguladores diretos de MICA e MICB, reprimindo a sua expressão [272]. Também se provou que a supressão dos genes hospedeiros dos miRNAs acima referidos (cluster miR-17-92 e MCM7) aumentou a transcrição de MICA/B no hepatoma, aumentando assim a sensibilidade do CHC à lise mediada por células NK [273]. A sobre-expressão de HBsAg em linhas celulares HepG2 induziu miRNAs que reprimiram a expressão de MICA/B [274], adicionando ao miR-10b, um metastamir que regula diretamente para baixo o MICB, prejudicando a eliminação das células tumorais. Finalmente, o fator de crescimento transformador-βl (TGF-βI), um regulador negativo do NKG2D, pós-transcricionalmente regula positivamente o miR-1245 maduro, atenuando assim a expressão de NKG2D, facilitando a evasão imunológica das células cancerígenas [275, 276].

1.3.6.5 Papel do miR-155 nas células NK

O papel regulador do miR-155 inclui não só as células não imunes, como os hepatócitos e as células endoteliais, mas também as células do sistema imunitário [277].

A expressão de BIC/miR-155 está muito aumentada nas células B e T activadas, bem como nos macrófagos e células dendríticas activados [278]. No entanto, o seu papel nas células NK foi recentemente clarificado. Em primeiro lugar, após a ativação de células NK humanas com IL-2, IL15 ou IL-21, o miR-155 encontrava-se entre os principais miRNAs com expressão diferencial nas células NK em repouso e activadas. Numa elucidação, a sobre-expressão do miRNA-155 aumentou, ao passo que o antagonista do miRNA-155 diminuiu a atividade de morte mediada pelas células NK. Isto indica que o miRNA-155 desempenha um papel importante no controlo da citotoxicidade das células NK [279], regulando positivamente o IFN-γ, uma citocina prototípica produzida pelas células NK, fundamental para a imunidade tumoral e a inflamação, tal como referido no estudo seguinte [268]. Onde, a perda de função do miR-155 interrompeu o IFN-γ em células NK activadas, enquanto que a sobre-expressão do miR-155, indiretamente, regulou a produção de IFN-γ através da inibição do seu alvo inositol fosfatase SHIP1 (regulador negativo de IFN-γ em células NK humanas). Além disso, foi relatado que a co-estimulação com IL-12 e IL-18, ou com IL-12 e agrupamento de CD16, induziu sinergicamente o miR-155 em células NK humanas primárias [268].

1.3.7 Uma tríade em ação contra a HCC

O IGF-1R é expresso em muitos tipos de células, incluindo os linfócitos. O IGF1R apresentou a expressão mais elevada nas células NK e nas células T auxiliares CD4+, seguida das células T citotóxicas CD8+ e, finalmente, um número reduzido nas células B. A expressão do IGF-1/IGF-1R sofre alterações definidas ao longo da diferenciação das linhagens, oferecendo um papel putativo na regulação das respostas imunitárias . Por exemplo, os estudos sobre quimeras deficientes em IGF-IR revelaram um desenvolvimento normal da diferenciação das células B e das células T[280-282]; no entanto, os níveis de IGF-IR eram acentuadamente mais baixos nas células T activadas do que nos linfócitos inactivos[283]. No entanto, esta última diminuição do IGF-1R foi associada à depressão dos níveis de IGF-1RmR como um efeito transitório, uma vez que poucas horas após a ativação das células T, o IGF-

1R foi reexpresso na superfície e o nível de mRNA citoplasmático aumentou [284]. Este restabelecimento do IGF-1R realça a sua importância para a proliferação e a função dos linfócitos T. Ao nível da função, independentemente da proliferação das células B, a sinalização IGF-I/IGF-1R aumentou a produção de imunoglobulinas pelas células T independentes das células B [281, 282]. Além disso, a expressão de IGF-IR é regulada positivamente nas células T após a ativação da via de produção de citocinas e o seu bloqueio diminui a sobrevivência dos linfócitos na presença de IL-2 [285]. Por conseguinte, o IGF-1R é amplamente estudado no desenvolvimento e na função das células T e das células B. No entanto, a informação sobre o seu papel no desenvolvimento e função das células NK é relativamente escassa. Ultimamente, um estudo realizado por Fang Ni et al., em 2013, identificou um papel anteriormente não reconhecido para o IGF-1 na regulação positiva do desenvolvimento e citotoxicidade das células NK humanas[286]. Os resultados revelaram que o IGF-1 promove o desenvolvimento de células NK derivadas de HSCs CD34+ humanas. Neste contexto, o IGF-1 parece enviar sinais tanto para a diferenciação como para a proliferação no decurso da maturação das células NK a partir de populações celulares CD34+ humanas[286]. Além disso, a predominância dos dois sinais acima referidos do IGF-1 nas células CD34+ em cultura é determinada pelo estado do IRS-1. Dado o seu papel no desenvolvimento das células NK, o mecanismo regulador exato do IGF-1 na citotoxicidade das células NK continua por esclarecer. O mesmo estudo revelou que o IGF-1 estimulou o gene da perforina e a sua subsequente expressão proteica nas células NK derivadas de HSC e nas células NK deciduais CD56bright (células dNK) [286]. Consequentemente, verificou-se um aumento acentuado da função citotóxica efectora das células dNK. Este aumento da citotoxicidade das células NK pelo IGF-1 foi mediado pela via do STAT3, como demonstrado no artigo. O presente estudo revelou ainda que o miR-483-3p funciona como um regulador crítico da citotoxicidade das células NK humanas, visando diretamente o IGF-1. A sobre-expressão do miR-483-3p suprimiu o IGF-1 e, consequentemente, a citotoxicidade das células NK, enquanto a inibição do miR-483-3p manifestou os efeitos opostos [286]. Todos os efeitos do IGF-1 são mediados pela ligação ao IGF-1R expresso nas células NK. Outros estudos mostraram anteriormente que a ativação do IGF-1R pelo IGF-1 media os efeitos citotóxicos das células NK através de vários mediadores: STAT3 e mTOR. Foi referido que o STAT3 induz a proliferação e a ativação das células NK. Nas células NK humanas, o STAT3 regulou a transcrição de NKG2D e perforinas, a sua fosforilação foi correlacionada com a expressão de NKG2D e alterou a desgranulação das células NK [287]. De forma controversa, as células NK deficientes em STAT3 em ratinhos desenvolveram-se normalmente, em números normais, mas apresentaram uma produção alterada de IFN-γ devido ao facto de o STAT3 se ligar ao promotor do IFN-γ. Além disso, os modelos in vivo de doenças hematológicas sem STAT3 nas células NK melhoraram a vigilância dos tumores, paralelamente a uma maior expressão do recetor de ativação DNAM-1 e das enzimas líticas perforina e granzima B[288].

Nas células-alvo, o STAT3- bloqueou o CHC, aumentando a citotoxicidade das células NK contra o CHC, onde os ligandos NKG2D foram regulados positivamente e foi registado um comportamento semelhante nas células K562, promovendo assim o reconhecimento pelas células NK. Além disso, o tratamento de células NK com sobrenadante de células de CHC bloqueadas por STAT3 aumentou a citotoxicidade das células NK com uma elevação concomitante de moléculas associadas à citólise NK (CD69, IFN-γ NKG2D, perforinas e granzimas). Esta restauração da atividade das células NK deve-se à redução das células T reguladoras e das citocinas imunossupressoras IL-10 e TGF-β em ratinhos com células de CHC bloqueadas por STAT3[289]. Além disso, a ativação do mTOR impulsionou os metabolismos bioenergéticos para sustentar a proliferação das células NK durante o desenvolvimento e a aquisição de potencial citolítico, uma vez que a via PI3K- AKT-mTOR é fundamental para a produção de citocinas nas células NK. Na elaboração, os ratinhos tratados com rapamicina para bloquear a via mTOR apresentaram defeitos na proliferação e nas produções de IFN-γ e de granzima B [190, 290]. Em conjunto, a tríade de regulação do eixo IGF por microRNAs em células NK fornece novas perspectivas mecanicistas para o desenvolvimento de uma potencial imunoterapia. Curiosamente, esta tríade nunca tinha sido explorada em células NK de doentes com CHC.

2. Objetivo do estudo

Num desvio das modalidades terapêuticas convencionais do CHC, a procura de um código de tratamento ótimo passa pela estimulação dos guardiões imunitários do organismo para combater o CHC. A via de sinalização do IGF lançou a regulação da função imunitária sob uma luz inesperada; regendo a amplitude das respostas imunitárias nas células T e B, onde é amplamente estudada. No entanto, raramente foi provado que desempenha um papel positivo no desenvolvimento e na citotoxicidade das células NK humanas.

Numa vasta realização do potencial terapêutico da imunoterapia baseada em células NK, este estudo teve como objetivo investigar, pela primeira vez, o impacto do miR-615-5p e do miR-155 no eixo IGF e, consequentemente, na sinalização e função das NK em doentes com CHC. Neste contexto, foi relatado que o miR-615-5p é um supressor de tumores para o eixo IGF, enquanto o miR-155 é um indutor do eixo IGF que se reflecte no crescimento celular, na viabilidade e na proliferação de linhas celulares de CHC. Por conseguinte, foi efectuada uma análise bio-informática, que revelou que ambos os miRNAs têm sítios de ligação putativos no 3'-UTR do IGF-IR. Por conseguinte, foi efectuado o rastreio do miR-615-5p e do miR-155 e do seu putativo alvo IGF-1R, juntamente com o seu mediador a jusante; STAT3 e mTOR em células NK de doentes com CHC induzido pelo VHC em comparação com controlos saudáveis. Além da expressão ectópica de ambos os miRNAs em células NK de doentes com CHC e controlos saudáveis e nas células alvo; linhas celulares Huh7 para estudar o seu efeito no IGF-1R e nos seus mediadores a jusante; STAT3 e mTOR. Além disso, foi efectuado o perfil de expressão dos marcadores de citotoxicidade das células NK; NKG2A, NKG2D, TNF-α e perforinas em células NK de doentes com CHC. Por fim, o efeito da manipulação do eixo IGF por miRNAs em células NK de pacientes com CHC e controles saudáveis e células Huh7 foi analisado na capacidade de reconhecimento de células NK (receptores NKG2D e NKG2A e ligante ULBP2), produção de citocinas (TNF-α) e citotoxicidade (perforinas).

3. Sujeitos, materiais e métodos

3.1 Objectivos

3.1.1 Recolha de amostras

Foram colhidos cerca de 8 ml de sangue venoso periférico fresco de 72 doentes com CHC induzido por VHC não metastático e de 27 controlos saudáveis, após o seu consentimento, e recolhidos em tubos com EDTA para evitar a coagulação. Três ou quatro horas após a colheita das amostras, foi utilizada a técnica de separação Ficoll para isolar os PBMC do sangue total. Os PBMC de cada amostra foram criopreservados e armazenados no congelador a -80°C para utilização posterior. Antes do isolamento das NK, as amostras foram divididas em vários pools, alguns utilizados para o rastreio e outros para as experiências de transfecção. Todas as experiências foram realizadas em conformidade com as diretrizes do Institutional Review Board da Kasr El Aini Medical School da Universidade do Cairo e de acordo com as normas éticas da declaração de Helsínquia.

3.2 Materiais

3.2.1 Equipamento

Produto	Produtor (País)
Pipetas automáticas (1000, 200, 20, 10 uL)	Eppendorf (Alemanha)
Placas de 10 cm2 / 100 mm (Greiner Bio- One, Alemanha)	Greiner Bio-One (Alemanha)
Placas de cultura de células (placas de 24 poços)	Greiner Bio-One (Alemanha)
Placas de cultura de células (placas de 96 poços)	Greiner Bio-One (Alemanha)
Centrifugadora (mesa 5417C, minicentrifugadora)	Eppendorf (Alemanha)
Tubos de centrifugação falcon 15 ml, estéreis, sem DNAse/ RNAse	Greiner Bio-One (Alemanha)
Tubos de centrifugação falcon 50 ml, estéreis, sem DNAse/ RNAse	Greiner Bio-One (Alemanha)
Banho-maria Clifton	Nickel Electro (Reino Unido)
Centrífuga de refrigeração	Centrifugadoras de laboratório Sigma 3K30 (Alemanha)

Crioboxes	AHN Biotecnologia (Alemanha)
Frascos criogénicos de 1,8 ml (estéreis)	Greiner Bio-One (Alemanha)
Tubos com EDTA	Greiner Bio-One (Alemanha)
Congelador -80	REVCO, produtos de laboratório Kendro (EUA)
Artigos de vidro	Sigma (Alemanha)
Hemocitómetro	HBG/Neubauer (Alemanha)
Incubadora	Medcenter Einrichtungen Gmbh Alemanha
Fluxo laminar	FASTER BH-EN 2004 (Alemanha)
Colunas MACS e mini separadores MACS	Miltenyi Biotec (Alemanha)
Microcentrifugadora	EBA 20, Hettich (Alemanha)
Tubos de microcentrifugação de 1,5 ml, estéreis, sem DNAse/ RNAse (tubos Eppendorf)	Biotecnologia AHN (Alemanha)
Microscópio (invertido/luz)	Labomed TCM 400 (EUA)
Pipetas Pasteur (esterilizadas)	Greiner Bio-One (Alemanha)
Tubos de tiras PCR	Applied Biosystems (Singapura)
Tubos PCR	Biotecnologia AHN (Alemanha)
PCR em tempo real Stepone	Applied Biosystems (EUA)
Themocycler	Biometra (Alemanha)
Pontas filtradas, estéreis, sem DNase/RNase	AHN Biotecnologia (Alemanha)

Vórtice	Stuart, Bibby Sterilin Ltd. (REINO UNIDO)
Citómetro de fluxo	Beckman Coulter Epics XL (EUA)

3.2.2 Produtos químicos e reagentes

Produto	Produtor (País)
Etanol absoluto	Merck (Alemanha)
Reagente de extração de ADN e ARN Biozol	Bioflux (China)
Clorofórmio	Fisher Scientific (Reino Unido)
Dimetilsulfóxido (DMSO)	Riedel de Haen (Alemanha)
Soro fetal bovino (FBS)	Lonza (Bélgica)
Hidrato de ficoll	AXIS-SHIELD Poc AS (Noruega)
Reagente de transfecção HiPerfect	Qiagen (Alemanha)
Álcool isopropílico	Produtos químicos farmacêuticos Nasr (Egito)
Biologia Molecular Água	Lonza (Bélgica)
Mycozap	Lonza (Bélgica)
PCR Master Mix com o material endógeno ROX	Takara (EUA)
Penicilina/Streptomicina	Lonza (Alemanha)
Tampão de fosfato Salino	Lonza(Alemanha)
Transcrição reversa Aleatória Primários	Biobasic Inc. (Canadá)

RPMI suplementado com L-glutamina	Lonza (Bélgica)
Meio DMEM suplementado com L-Glutamina	Lonza (Bélgica)
Azul de tripano	Fluka (EUA)
Anticorpos para citómetro de fluxo	Beckman Coulter (EUA)

3.2.3 Kits

Produto	Produtor (País)
Kit de arquivo de cDNA de alta capacidade	Applied Biosystems (EUA)
oligonucleótidos de microRNA - Mímicos de miR-615-5p (ID: MSY0004804) - Inibidores de miR-615-5p (ID: MIN0004804) - Mímicos do miR-155 (ID: MSY0000646) - Inibidores do miR-155 (ID: MIN0000646)	Qiagen(Alemanha)
Kit de isolamento NK	Miltenyi Biotec (EUA)
Ensaio de microRNA Taqman - Ensaio TaqMan miR-615-5p (ID do ensaio: 002353) - Ensaio TaqMan miR-155-5p (ID do ensaio: 002623) - Ensaio TaqMan RNU6B (ID do ensaio: 001093)	Applied Biosystems (EUA)
Kit de transcrição reversa de microRNA Taqman	Applied Biosystems (EUA)
Os ensaios de expressão de genes alvo Taqman incluem:	Applied Biosystems (EUA)

- Ensaio TaqMan IGF-IR (ID do ensaio: Hs00609566_m1)
- Ensaio TaqMan STAT3 (ID do ensaio: Hs00374280_m1)
- Ensaio TaqMan mTOR (ID do ensaio: Hs00234508_m1)
- Ensaio Taqman NKG2A (ID do ensaio:Hs00970273_g1)
- Ensaio Taqman NKG2D (ID do ensaio:Hs00183683_m1)
- Ensaio Taqman TNF-α (ID do ensaio: Hs01113624_g1)
- Ensaio Taqman Perforins (ID do ensaio: Hs00169473_m1)
- Ensaio Taqman ULBP2 (ID do ensaio: Hs00607609_mH)
- Ensaio TaqMan B2M Controlo endógeno (sonda VIC®/TAMRA™) Ensaio (Cat. n.º: 4310886E)

3.2.4 Preparação de soluções

Solução	Componentes
Cultura DMEM completa Médio (500 ml)	444 ml de DMEM suplementado com L-glutamina - 50 ml de FBS (10%) - 5 ml de Penicilina/Stretomicina (1%) - 1 ml de Mycozap
Mistura para congelar (50 ml)	- 30 ml de mistura de lavagem - 15 ml de soro fetal de bovino FBS (30%) - 5 ml de DMSO (10%)
Tampão estéril NK	- 0,5 % DE FBS - 2mM EDTA - 1x Solução tampão de fosfato (PBS) - (pH = 7,2, temperatura = 2-8°C, filtrado estéril através de um filtro de seringa de 0,22 µm de porosidade)

Mistura de lavagem (100 ml)	- 94 ml de RPMI suplementado com L-Glutamina - 5 ml de FBS (5%) - 1 ml de Penicilina/Streptomicina (1%)
Etanol a 75% (50 ml)	37,5 ml de etanol absoluto (75%) - 12,5 ml de água DEPC (25%)
Solução tampão de fosfato a 10% (PBS) (50 ml)	- 5 ml de PBS - 45 ml de água para biologia molecular
Azul de tripano	0,01% em PBS
Linhas celulares	- Linhas celulares de hepatoma - Huh-7

3.3 Métodos

3.3.1 Separação de células mononucleares do sangue periférico (técnica do gradiente de densidade Ficoll)

Para cada amostra, cada 2 ml de sangue venoso fresco foram diluídos numa proporção de 1:1 utilizando uma mistura de lavagem*. Utilizando uma pipeta Pasteur estéril, cada 6 ml de sangue diluído foi cuidadosamente colocado em camadas sobre 3 ml de Ficoll hidrato num novo tubo falcon de 15 ml. O sangue foi cuidadosamente colocado em camadas de modo a evitar a mistura e a perturbação da interface entre o Ficoll e o sangue para uma separação adequada. A centrifugação foi então efectuada a 4000 rpm durante 30 minutos sem travões. O sangue foi separado em três camadas, sendo que a camada intermédia inclui as PBMC. Por conseguinte, esta camada foi cuidadosamente recolhida utilizando uma pipeta Pasteur de 3 ml num movimento circular lento, seguido de três lavagens consecutivas para remover quaisquer plaquetas contaminantes. O sedimento foi ressuspenso em 3 ml de mistura de lavagem de cada vez e centrifugado uma vez a 1800 rpm durante 10 minutos, depois o sobrenadante foi eliminado, seguido de outra centrifugação a 1200 rpm durante 5 minutos e, finalmente, a 900 rpm durante 5 minutos, preparada da mesma forma que a primeira lavagem. Por fim, o sobrenadante foi eliminado e os PBMCs foram criopreservados.

*A composição é indicada no quadro das soluções.

3.3.2 Contagem de células e viabilidade

A avaliação da viabilidade celular e a contagem aproximada de PBMCs foram efectuadas utilizando azul de tripano e apenas as células viáveis foram contadas numa câmara de contagem de Neubauer modificada. Antes da terceira etapa de lavagem na separação Ficoll de PBMCs, foram retirados 10µl da suspensão de células PBMC e misturados bem com 10µl de azul de tripano a 0,01%. Foram cuidadosamente colocados 10 µl desta mistura no hemocitómetro com lamela para proceder à contagem. As células viáveis (transparentes - não coradas pelo azul de tripano) foram contadas apenas nos quatro quadrados de canto grandes.

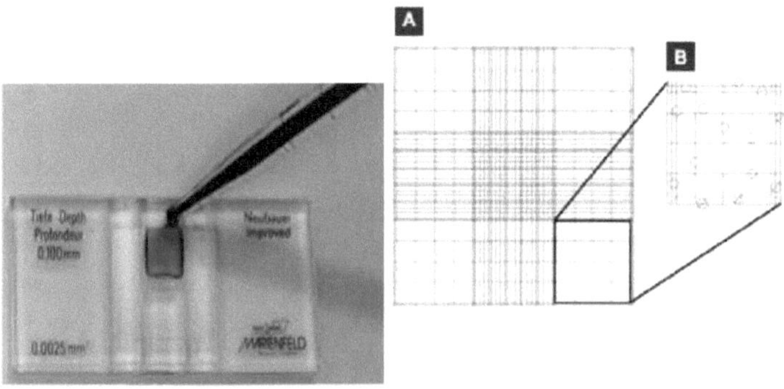

Figura 10: Determinação da contagem de PBMCS utilizando um hemocitómetro.
(A) Vista superior mostrando apenas uma câmara do hemocitómetro, constituída por quatro quadrados grandes. (B) Vista ampliada de um quadrado grande mostrando algumas células. Só são contadas as células viáveis não coradas.

O número total de PBMCs viáveis em 1 ml foi calculado utilizando a seguinte fórmula.

N.º de células/ml

= (Número de células contadas / número de quadrados contados) x Fator de diluição x10^4

= (Número de células contadas / número de quadrados contados) x 2 x10^4

3.3.3 Criopreservação

Após a última etapa de lavagem da separação Ficoll, a mistura de lavagem foi rejeitada e o sedimento residual de PBMCs foi então ressuspenso em 1 ml de mistura de congelação**. As PBMCs suspensas são então divididas em frascos criogénicos e armazenadas a -80°C até serem necessárias para o isolamento de NK.

** Composição indicada no quadro das soluções.

3.3.4 Isolamento de células NK

3.3.4.1 Descongelação de PBMCs

Para iniciar o processo de isolamento de células NK a partir de PBMCs. Os frascos criogénicos conservados em crio foram descongelados num banho de água a 37°C. Uma vez descongelados, adicionou-se imediatamente, gota a gota, 1 ml de mistura de lavagem pré-aquecida em cada criotubo para diluir a mistura de congelação com o seu DMSO letal. O conteúdo diluído é então transferido para um tubo falcon de 15 ml contendo 7 ml de mistura de lavagem pré-aquecida. A centrifugação a 2000 rpm durante 10 minutos produz um pellet após deitar fora o sobrenadante. Este sedimento foi então ressuspenso num volume adequado de mistura de lavagem para avaliação da viabilidade celular e da contagem de células.

3.3.4.2 Princípio do isolamento de NK

Para o isolamento das células NK, foi utilizado o kit de isolamento de NK humanas MACS, que emprega especificamente o método de seleção negativa intocada. Após o que qualquer população de células não-NK é marcada magneticamente utilizando anticorpos conjugados com biotina e microesferas superparamagnéticas conjugadas com estreptavidina. Passando as PBMCs através da coluna MACs colocada sob um campo magnético, apenas as células não-NK são retidas na coluna, enquanto as células NK não marcadas e não tocadas são suavemente recolhidas num eppendorf de recolha, conforme ilustrado na Figura 11.

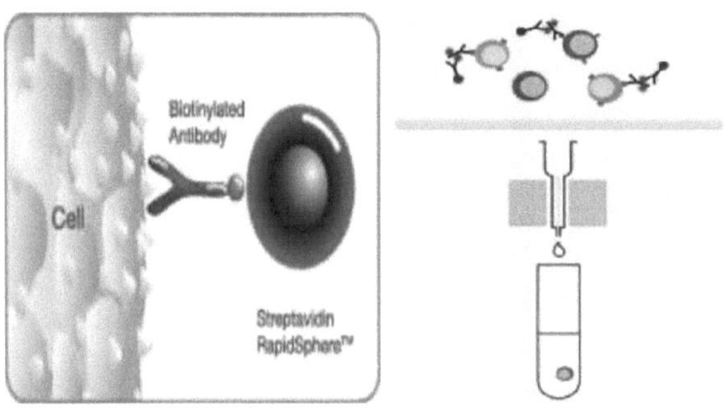

Figura 11: Princípio do isolamento de células NK utilizando a seleção negativa (fonte: folheto do MACS).

As células não-NK são marcadas magneticamente utilizando anticorpos conjugados com biotina e microesferas superparamagnéticas conjugadas com estreptavidina, enquanto as células NK permanecem intactas. Isto permite a passagem apenas das células NK através da coluna colocada num campo magnético.

3.3.4.3 Etiquetagem magnética

Para iniciar o processo de isolamento, são necessários cerca de 10-15 milhões de PBMCs. Após a contagem, o volume foi dividido em 4 eppendorfs, seguido de repulsão a 2000 rpm durante 10 minutos. A remoção do sobrenadante foi sequencialmente seguida da ressuspensão do primeiro sedimento em 40µl de tampão estéril NK frio***/ 107 células, depois foi transferido para o sedimento seguinte e assim sucessivamente até os 4 sedimentos terem sido recolhidos num eppendorf. 10µls de NK Cell Biotin- Antibody Cocktail foram adicionados e ressuspendeu-se bem para permitir a marcação magnética adequada das células e incubou-se durante 10 minutos no frigorífico (2-8°C). Seguiu-se a adição de 30µl de NK Sterile Buffer e20µl NK Cell Micro-bead Cocktail, e deixou-se incubar durante 15 minutos no frigorífico (2-8°C). Uma vez terminado o período de incubação, as células foram ressuspendidas em 500µl de NK Sterile Buffer e preparadas para a separação magnética. O separador magnético utilizado foi o separador MiniMACS juntamente com a coluna MS.

*** Composição indicada no quadro das soluções.

3.3.4.4 Separação magnética

Antes da separação magnética, a coluna foi colocada no separador magnético e lavada com 500µl de tampão estéril NK. A suspensão de células foi aplicada lentamente na coluna MS para evitar aglomerações. O volume eluído que contém células NK enriquecidas foi então recolhido. Depois de o reservatório da coluna estar vazio, procedeu-se à lavagem com mais 500µl de NK Sterile Buffer. Esta solução eluída também continha células NK e foi combinada com a solução eluída anterior. A contagem das células foi efectuada antes da sementeira e transfecção das células NK para garantir a quantidade correta de células por unidade de volume.

3.3.5 Transfecção de células NK com oligonucleótidos miR-615-5p e miR-155-5p (mímicos e antagomiRs) utilizando o reagente de transfecção HiPerfect

No dia anterior à transfecção, as células PBNK 3-6 x 10^4 foram novamente aumentadas em 30µL de meio de cultura RPMI completo contendo soro e antibióticos e foram semeadas numa placa de 96 poços. As células foram incubadas durante 24 horas nas suas condições normais de crescimento, que são 37°C e 5% de CO2.

3.3.5.1 Preparação do complexo de transfecção

Foi efectuada a reconstituição dos novos mímicos de miRNA / antagomiRs a utilizar no processo de transfecção, tendo sido utilizadas duas concentrações diferentes:

No caso de uma concentração de 1nmole de mimetizadores/antagomiRs de miRNA, estes foram ressuspensos em 50µl de água sem nuclease, pelo que a concentração = 20µM = 250ng /µl

No caso da concentração de 5 nmol de mimetizadores/antagomiRs de miRNA, estes foram ressuspensos em 250 µl de água sem nuclease, pelo que a concentração = 20 µM = 250ng /µl

250ng devem ser utilizados no processo de transfecção de células suspensas, Volume = 1µl de solução de stock

No dia da transfecção, o complexo de transfecção contendo o mímico foi preparado diluindo 250ng (1µl) da solução estoque do mímico em 30µl de meio de cultura RPMI livre de soro e antibiótico e adicionando 1 µl de reagente de transfecção HiPerfect. O complexo de transfecção que contém o antagomiR foi preparado diluindo 500ng (2µl) da solução-mãe de antagomiR em 30µl do mesmo meio de cultura livre e adicionando 1µl de reagente de transfecção HiPerfect. Foi efectuada uma agitação em vórtice e incubação durante 5-10 minutos à temperatura ambiente (15- 25°C) para permitir a formação do complexo. De seguida, os complexos pré-formados foram adicionados gota a gota às células NK. Para aumentar a eficiência da transfecção, as células e os complexos de transfecção foram misturados por pipetagem para cima e para baixo. Para cada grupo de células NK, o ganho e a perda de função foram efectuados em poços aproximadamente triplicados para confirmar os resultados. Em seguida, as NKs foram incubadas com os complexos de transfecção nas suas condições normais de crescimento, que são 37oC e 5% de CO2. Finalmente, 6 horas após a incubação, 140µl de meio de cultura RPMI completo contendo soro e antibióticos foram adicionados às NKs e estas foram incubadas durante 48 horas para extração de ARN e subsequente análise do silenciamento ou indução de genes.

3.3.6 Extração de ARN total de PBNKs de doentes com CHC.

3.3.6.1 Princípio

Foi utilizada a tecnologia de coluna referida como extração em fase sólida de materiais genéticos de fontes naturais. Baseia-se em sal elevado ou sal e álcool para diminuir a afinidade do ARN pela água e aumentar a sua afinidade pelo suporte sólido utilizado. Obteve-se um extrato de ARN total enriquecido com ARN grandes e pequenos a partir de PBNKs de doentes com CHC utilizando o mirVana microRNA Isolation Kit (Ambion, EUA).

3.3.6.2 Procedimentos

Ao fim de 48 horas de transfecção, o conteúdo de cada poço foi transferido para um tubo eppendorf e os poços foram lavados com meio de cultura RPMI completo para garantir que todas as células fossem transferidas. O sobrenadante foi então eliminado na direção oposta à do pellet. Em seguida, adicionaram-se 600 µl de tampão de lise/ligação diretamente ao sedimento de células NK e ressuspendeu-se bem para garantir a lise completa das células. No mesmo eppendorf, foram adicionados 60 µl de miRNA Homogenate Additive (1/10 do volume do lisado celular) e misturados bem, agitando ou invertendo o tubo várias vezes. Por exemplo, se o volume do lisado for 300µL, foram adicionados 30µL de miRNA Homogenate Additive. A mistura foi deixada em gelo durante 10 minutos. Vem depois da extração do RNA Total que começou com a extração Orgânica usando Fenol Ácido:Clorofórmio adicionado num volume igual do lisado inicial antes da adição do homogenato de miRNA (600ul).Por exemplo, se o volume do lisado original era de 300µL, foi adicionado 300µL de Fenol Ácido:Clorofórmio. Este passo foi seguido de agitação em vórtice durante 30-60 segundos para misturar e depois centrifugação durante 5 minutos à velocidade máxima de 14 000 rpm à temperatura ambiente para separar as fases aquosa e orgânica. Após a centrifugação, observaram-se duas camadas separadas. A fase aquosa superior foi retirada cuidadosamente sem perturbar a fase inferior e transferida para um novo eppendorf, registando o volume recolhido. Em seguida, adicionou-se à fase aquosa 1,25 dos volumes recolhidos de etanol a 100% à temperatura ambiente. Para cada amostra, foi colocado um cartucho de filtro num dos tubos de recolha. A mistura de lisado/etanol (do passo anterior) foi pipetada para o cartucho de filtro. A coluna foi centrifugada durante cerca de 15 segundos a uma RCF de 10 000 x g (normalmente 10 000 rpm) para fazer passar a mistura através do filtro e o fluxo foi depois eliminado. A miRNA Wash Solution 1 foi aplicada ao filtro com um volume de 700µL centrifugado durante cerca de 5-10 segundos. O fluxo foi eliminado. A Wash Solution 2/3 foi aplicada e arrastada através do cartucho do filtro como no passo anterior. Este passo foi repetido novamente com uma segunda alíquota de 500µL de Wash Solution 2/3. Depois de descartar o fluxo, o fluido residual do filtro foi removido girando o conjunto durante 1 minuto. O cartucho do filtro foi transferido para um novo tubo de recolha (fornecido com o kit). A eluição do ARN total foi efectuada aplicando 100 µL de solução de eluição pré-aquecida (95°C) ou água sem nuclease no centro do filtro. Por fim, o passo final consistiu em centrifugar durante 1 minuto à velocidade máxima para recuperar o ARN e, em seguida, o eluído (que contém o ARN) foi armazenado a -80°C.

3.3.7 Técnicas de cultura celular

3.3.7.1 Manutenção de culturas celulares

Esta secção descreve os procedimentos para manter as linhas celulares HuH-7 viáveis e saudáveis em condições controladas in vitro. As linhas celulares Huh-7 foram cultivadas em DMEM suplementado com 4,5 g/L de glucose, L-glutamina, 1% de penicilina/estreptomicina e 10% de soro fetal bovino (FBS). Dependendo do objetivo, as células foram mantidas em placas de cultura de diferentes tamanhos e incubadas numa incubadora de CO2 ajustada a 5% de CO2 a 37°C.

3.3.7.2 Divisão da cultura de células (subcultura)

As placas de cultura de células foram divididas (subcultura) uma vez a cada 48 horas ou sempre que a confluência da placa atingisse 80-90%, a fim de evitar o crescimento excessivo de células que, subsequentemente, poderia levar à sua morte. No dia da subcultura, todos os materiais foram deixados a equilibrar-se à temperatura ambiente antes de serem utilizados. Em condições estéreis, o meio de cultura foi aspirado da placa e lavado duas vezes com uma quantidade adequada de PBS 1x. O descolamento da monocamada de células foi conseguido através da adição de um DMEM totalmente suplementado contra o fundo da placa utilizando a pipeta automatizada de 1000ul. Procedeu-se a uma ressuspensão suave com a pipeta automatizada, a fim de evitar a formação de aglomerados de células e de assegurar uma suspensão homogénea das células.

Metade do volume foi transferido para uma nova placa de cultura de células, foi adicionado DMEM completo e as placas foram incubadas nas suas condições normais.

3.3.7.3 Transfecção de células HuH-7 com mímicos de miR-615-5p e miR-155 e antagomiRs utilizando o reagente de transfecção Hiperfect

Numa placa de 24 poços, 6 x 10^4 células mantidas em 500µl meio de cultura DMEM contendo soro e antibióticos por poço foram semeadas 2 dias antes da transfecção. As células foram incubadas em condições normais de crescimento (tipicamente 37°C e 5% de CO2).

Cálculos:

Mímicos/inibidores de miRNA a utilizar no processo de transfecção:

1 nmole de mimetizadores/inibidores de miRNA ressuspenso em 50 Lils de água sem nuclease

= 20M = 250ng /µl

Tomou-se uma alíquota de 2 Lils da solução-mãe e diluiu-se até 50 Lils com água sem nuclease, obtendo-se uma concentração = lOng/µI

Devem ser utilizados 37,5 ng no processo de transfecção

10ng --------- 1 µl

37,5ng -------- xµl

x=3.75µls

No dia da transfecção, a quantidade adequada de oligonucleótidos (mímicos e antagomiRs) foi diluída em 92,5µl de meio de cultura livre sem soro. Os 3iiis do Reagente de Transfecção HiPerFect foram adicionados aos oligos diluídos e depois misturados por vórtex. A mistura de Oligos e Reagente de Transfecção HiPerFect é incubada durante 5-10 minutos à temperatura ambiente (15-25°C) para permitir a formação de complexos de transfecção. O complexo foi então adicionado gota a gota às células. As placas foram então agitadas suavemente para assegurar uma distribuição uniforme dos complexos de transfecção. Depois disso, as células foram incubadas com os complexos de transfecção nas suas condições normais de crescimento durante 48 horas. A expressão dos genes foi monitorizada após um período de tempo adequado (48 horas).

3.3.7.4 Extração de ARN total com Biozol

O conteúdo do meio de cada poço foi descartado e a homogeneização foi feita com a adição de 200µl de reagente de extração de ARN total Biozol, seguido de vórtex vigoroso durante 5 minutos para lisar a célula e libertar o ARN necessário. Subsequentemente, foi adicionado 40µl de clorofórmio e os tubos foram misturados por inversão e depois centrifugados a 12000 rpm a 4°C durante 15 minutos. O homogenato foi então separado numa camada aquosa e

numa camada orgânica. O ARN na camada aquosa foi então transferido cuidadosamente para um novo tubo eppendorf sem romper a interface que continha ADN indesejável. A precipitação do ARN foi conseguida utilizando 100µl de álcool isopropílico e misturando por inversão e incubação durante 10 minutos no frigorífico. A mistura foi centrifugada novamente a 12000 rpm a 4°C durante mais 15 minutos, após o que o sobrenadante foi derramado e o sedimento foi lavado com 200µl de etanol a 75% e misturado por inversão. Um último
O passo de centrifugação foi efectuado a 12000 rpm a 4°C durante 5 minutos, após o que o sobrenadante foi removido tanto quanto possível. O ARN remanescente foi seco ao ar durante 5 minutos e depois dissolvido em 30µl de água DEPC e armazenado num congelador a -80°C até ser utilizado.

3.3.8 Transcrição reversa do miRNA em CDNA

O miR-615-5p e o miR-155, especificamente selecionados a partir do ARN total extraído, foram transcritos de forma reversa para o ADN complementar de cadeia simples (cDNA) utilizando o kit de transcrição reversa de microARN Taqman. O RNU6B foi também transcrito de forma reversa para ser utilizado como gene de controlo endógeno para normalizar os valores de expressão. Os componentes do kit de transcrição reversa, bem como o ARN extraído de cada amostra, foram descongelados em gelo e misturados em vórtex para garantir uma suspensão adequada. Depois de preparar uma mistura principal de reação de transcrição reversa para cada amostra, como indicado na tabela, foram adicionados à mistura principal 0,75µl dos primers RT de laço da haste do miRNA específico (615-5p ou 155 ou RNU6B)*** do kit de ensaio Taqman MicroRNA, seguidos de 2,5µl do ARN total, o que dá um total de 7µl de reação. Finalmente, os tubos de PCR foram colocados no termociclador com uma tampa aquecida, cujo perfil térmico foi ajustado conforme indicado na tabela. Todas as amostras de cDNA foram armazenadas no congelador a -20°C até à análise por RT-PCR.

***Para a transcrição reversa do microRNA, é utilizado um primer RT do tipo "stem loop". Este iniciador é específico apenas para o miRNA maduro e funciona para estender a sua extremidade 5', facilitando assim a sua transcrição reversa e tornando viável uma amplificação PCR subsequente.

Componente	Volume/ Reação
Água sem nuclease	2,83 µl
10 x Tampão de transcrição reversa	0.75 µl
Enzima de transcrição reversa 50υ/µl	0.5 µl
Inibidor de RNAse 20u/µl	0.095 µl
100mM dNTP	0.075 µl

Mistura principal total	4,25 µl /reação
50x Primer RT específico	0.75
ARN total	2.5 µl
Volume total da reação	7.5µl

Tabela 1: Componentes com os respectivos volumes de um tubo de reação para a transcrição reversa de miRNAs. Cada tubo de reação de 7,5 µl contém 4,25 µl da mistura principal + 0,75 µl de primers 50 X RT + 2,50 µl de ARN de amostra correspondente.

3.3.9 Transcrição reversa do ARNm total em ADNc total

Etapa	Temperatura (°C)	Tempo (minutos)
Ativação enzimática	16	30
Recozimento	42	30
Inativação enzimática	85	5
Arrefecimento	4	∞

Tabela 2: Perfil térmico para a transcrição reversa de microRNAs

Os ARNm do ARN total extraído foram objeto de transcrição reversa para o ARNc de cadeia simples utilizando o kit de transcrição reversa de ARNc de alta capacidade. Cada componente do kit de transcrição reversa, bem como o ARN extraído de cada amostra, foi descongelado em gelo e misturado em vórtice para assegurar uma ressuspensão adequada. Foi preparado um tubo de reação para cada amostra, conforme indicado no quadro. Finalmente, os tubos de PCR foram colocados num termociclador com uma tampa aquecida, cujo perfil térmico foi ajustado conforme indicado na tabela. Todas as amostras de cDNA foram armazenadas no congelador a - 20°C até à análise por RT-PCR.

Componente	Volume
Água sem nuclease	5.2 µl
Tampão de transcrição reversa	2 µl
Enzima de transcrição reversa	1 µl
Hexâmeros aleatórios	1 µl
dNTP	0,8 µl
ARN total	10 µl
Total	20 µl /reação

Quadro 3: Componentes e respectivos volumes de um tubo de reação para a transcrição reversa do ARNm

Passo	Temperatura (°C)	Tempo (minutos)
Ativação enzimática	25	10
Recozimento	37	120
Inativação enzimática	85	5
Arrefecimento	4	∞

Quadro 4: Perfil térmico para a transcrição reversa de ARNm

3.3.10 Análise quantitativa

3.3.10.1 Princípio da análise quantitativa utilizando a reação em cadeia da polimerase em tempo real Taqman

Os kits Taqman microRNA assay e Taqman gene expression assay foram utilizados para a amplificação e análise quantitativa do microRNA e da expressão genética, respetivamente, utilizando qRT-PCR. Cada ensaio Taqman inclui dois iniciadores de PCR não marcados, um direto e outro inverso, específicos para o microARN ou o gene, bem como uma sonda Taqman MGB. Ligado à extremidade 5' desta sonda está um corante repórter fluorescente e ligado à extremidade 3' da sonda está um ligante de sulco menor (MGB) e um supressor não fluorescente (NFQ). Quando intacto, o corante repórter está muito próximo do corante supressor, o que leva à supressão da sua fluorescência principalmente por transferência de energia do tipo Forster. Durante a PCR, a sonda hibridiza-se com uma grande especificidade com a sua sequência complementar entre os sítios dos iniciadores direto e inverso. Isto leva à clivagem da sonda pela DNA polimerase, que separa os corantes quencher e repórter, aliviando a supressão imposta pelo quencher sobre o repórter e aumentando a fluorescência do corante repórter. Após a preparação dos tubos de reação, estes foram colocados no instrumento StepOne® Real Time PCR e a execução foi realizada no modo padrão, consistindo em duas fases. Uma primeira fase em que a enzima Taq polimerase foi activada, seguida da segunda fase de 40 ciclos de amplificação (cada ciclo compreende um passo de desnaturação seguido de recozimento e extensão), apresentados na tabela 5.

Etapa	Ativação da Taq DNA polimerase	Reacções em cadeia da polimerase (PCR)	
	Manter	Ciclo (40 ciclos)	
		Desnaturação	Recozimento/extensão
Tempo	10 minutos	15 segundos	60 segundos
Temperatura	95°C	95°C	60°C

3.3.10.1.1 Análise quantitativa da expressão do miR-615-5p

A expressão do miR-615-5p maduro foi quantificada por RT-PCR. Os reagentes utilizados foram o kit de ensaio Taqman miRNA (miR-615-5p) e outro kit de ensaio RNU6B miRNA, que foi utilizado como gene endógeno de controlo. Para além dos

Tabela 5: Parâmetros de ciclagem térmica da PCR para a quantificação do miRNA e do mRNA.

Taqman 2x universal PCR Master Mix, o corante de referência Rox para normalizar as flutuações de poço para poço não relacionadas com a reação de PCR. As sondas utilizadas para os miRNAs e o RNU6B foram ambas marcadas com o corante repórter FAM, razão pela qual a análise do microRNA alvo e do controlo endógeno teve de ser efectuada em dois tubos de PCR separados. Todos os reagentes, bem como as amostras de cDNA, foram descongelados em gelo e agitados em vórtex para ressuspensão. Dentro de cada tubo de PCR, foi preparada uma mistura de reação para cada amostra (para cada poço foram medidos o miRNA e o RNU6B) de acordo com a tabela, após o que foi adicionado 1,33 µl do cDNA previamente preparado. Os tubos de PCR foram colocados no interior do instrumento StepOne® Real Time PCR.

Componente	**Volume (µΪ)**
Água sem nuclease	7.67
Taqman 2x Universal PCR Master Mix com Rox endógeno	10
Ensaio de microRNA Taqman (20x)	1
Mistura-mãe PCR total	18,67µl/reação
CDNA correspondente do miRNA	1.33µl
Volume total	20µl

Tabela 6: Componentes da mistura de reação PCR com os volumes correspondentes necessários para preparar uma reação para PCR quantitativa em tempo real (qRT-PCR) de miRNAs.

3.3.10.1.2 Análise quantitativa dos genes alvo (IGF-1R, STAT3, mTOR, expressão de NKG2A, NKG2D, ULBP2, TNF-alfa e Prf-1)

A expressão dos ARNm de IGF-1R, STAT3, mTOR, NKG2A, NKG2D, ULBP2, TNF-alfa e Prf-1 foi também quantificada por RT-PCR. Os reagentes utilizados foram os ensaios de expressão Taqman IGF-1R, STAT3, mTOR, NKG2A, NKG2D, TNF-alfa, ULBP2 e Prf-1, juntamente com o ensaio de expressão de Beta-2-microglobina (B2M) como gene de controlo endógeno para normalizar os valores de expressão. Outros reagentes utilizados foram Taqman 2x universal PCR Master Mix com corante de referência endógeno Rox e as amostras de cDNA. As sondas utilizadas para IGF-1R, STAT3, mTOR, NKG2A, NKG2D, ULBP2, TNF-alfa e Prf-1 foram marcadas com o corante repórter FAM. As sondas utilizadas para B2M foram marcadas com o corante repórter VIC, permitindo assim a análise do gene alvo e do controlo endógeno simultaneamente no mesmo tubo de PCR, no que é conhecido como PCR multiplex em tempo real. Todos os reagentes, bem como as amostras de cADN, foram descongelados em gelo e agitados em vórtex para ressuspensão. Dentro de cada tubo de PCR, foi preparada uma mistura de reação para cada amostra de acordo com a tabela, após o que foram adicionados 5µl do cDNA previamente preparado. Os tubos de PCR foram colocados no interior do instrumento StepOne® Real Time PCR.

Componente	**Volume (µl)**
Água livre de RNAse	4
Taqman Universal PCR Master Mix (2x) com Rox endógeno	10
Ensaio de expressão génica Taqman (20x)	1
Ensaio de expressão do gene B2m (20X)	1
Total	16µl/reação
CDNA total	4µl

Tabela 7: Componentes da mistura de reação PCR com os volumes correspondentes necessários para preparar uma reação para deteção quantitativa da expressão genética

3.3.10.2 Resultados e interpretação da PCR em tempo real StepOne®

O StepOne® Real Time PCR produz um valor de limiar de ciclo (Ct) para cada amostra, que representa o número de ciclos fraccionados em que a fluorescência produzida excede uma linha de limiar. Cada limiar de ciclo (Ct) obtido foi subsequentemente utilizado para a quantificação do alvo amplificado em comparação com o gene de controlo endógeno de manutenção (RNU6B para miRNAs e B2m para genes alvo), obtendo-se um valor ACt através da seguinte equação: i.e.

ACt é a diferença entre os ciclos limiares do controlo alvo e do controlo endógeno.

ΔCt=Ct (alvo) - Ct (controlo endógeno)

Segue-se o método do limiar comparativo, também conhecido por ΔΔ Ct. Um método que depende da comparação do valor ACt da amostra de interesse (gene alvo ou miRNA específico) da amostra do doente com o valor ACt de um calibrador, que é a amostra de controlo saudável, utilizando a equação seguinte:

AACT é a diferença no ACT para o alvo (doentes com CHC) e a referência (controlos saudáveis)

ΔΔCT= Δ(T (alvo) - média Δ(T (controlos)

OU

AACT é a diferença em ACT para o alvo em (células transfectadas) e referência (células não transfectadas)

ΔΔ(T= ΔCT (alvo) - ΔCT médio (não transfectado)

A avaliação da quantificação relativa é então efectuada utilizando a equação seguinte:

$$RQ = 2^{-\Delta\Delta Ct}$$

3.3.11 Análise estatística

Todos os dados foram expressos em quantificação relativa (QR). Para efeitos de comparação entre dois grupos de estudo diferentes, foi utilizado o teste T de Student e os dados foram expressos como média ± erro padrão da média (SEM). Um valor de p menor que 0,05 foi considerado estatisticamente significativo, onde *** = P<0,001, **= P<0,01, *=P<0,05 e ns=estatisticamente não significativo. A análise foi efectuada utilizando o software GraphPad Prism 5.00.

4. Resultados

4.1 Perfil de expressão do miR-615-5p e do miR-155-5p em células PBNK de doentes com CHC induzido pelo VHC e de controlos saudáveis

Utilizando qRT-PCR, o miR-615-5p foi analisado em células PBNK de doentes com CHC induzido pelo VHC e em controlos saudáveis. A expressão do miR-615-5p foi normalizada para o gene de controlo RNU6B. Procedeu-se então ao cálculo da quantificação relativa (RQ). Os resultados mostraram que houve uma regulação significativa dos níveis de miR-615-5p até 200 vezes em doentes com CHC em comparação com controlos saudáveis (p=0,0018) Figura 12.

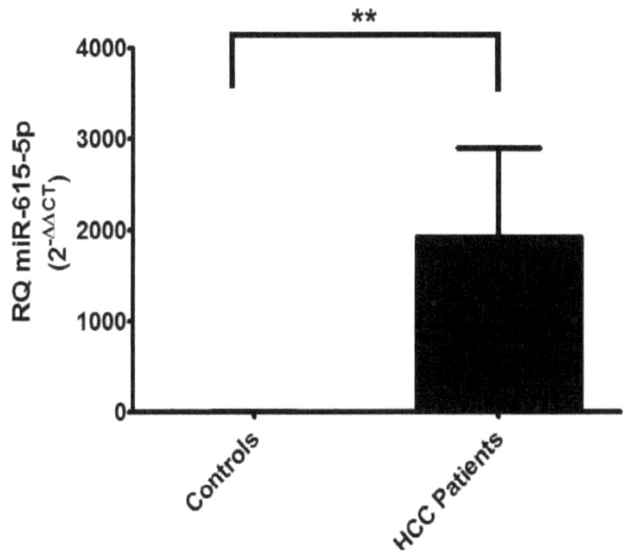

Figura 12: Perfil de expressão do miR-615-5p em células NK de doentes com CHC induzido pelo VHC versus controlos saudáveis

O miR-615-5p demonstrou estar significativamente regulado para cima até 200 vezes em células PBNK de doentes com CHC induzido por VHC em comparação com indivíduos saudáveis (p= 0,0035). Cada barra representa a média ± SEM. Os resultados foram analisados utilizando o teste t de Student não pareado, em que *** = P<0,001, **= P<0,01, *=P<0,05 e ns=estatisticamente não significativo.

O miR-155-5p foi examinado em células PBNK de doentes com CHC induzido por VHC e em controlos saudáveis utilizando qRT-PCR. A expressão do miR-155-5p foi normalizada para o gene de controlo RNU6B. Procedeu-se então ao cálculo da quantificação relativa (RQ). Os resultados mostraram que houve uma regulação positiva significativa dos níveis de miR-

155-5p em doentes com CHC em comparação com controlos saudáveis (p =0,0151) Figura 13.

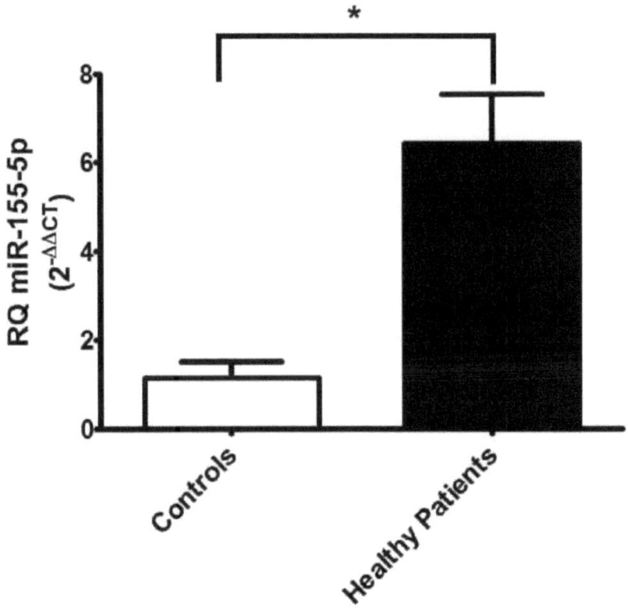

Figura 13: Perfil de expressão do miR-155-5p em células NK de doentes com CHC versus controlos saudáveis

O miR-155-5p demonstrou estar significativamente regulado para cima até 5 vezes em células PBNK de doentes com CHC induzido por VHC em comparação com indivíduos saudáveis (p= 0,0018). Cada barra representa a média ± SEM. Os resultados foram analisados com o teste t de Student não pareado, em que *** = P<0,001, **= P<0,01, *=P<0,05 e ns=estatisticamente não significativo.

4.2 Análise in silico:

Para identificar os potenciais miRNAs que têm como alvo o 3'UTR do IGF-1R, foram utilizados métodos computacionais e software bioinformático. O software Miranda (www.microrna.org) previu que o miR-615-5p e o miR-155-5p têm sítios de ligação putativos no 3' UTR do IGF-1R com boas pontuações de ligação. Figura 14 e 15.

MiR-615-5p

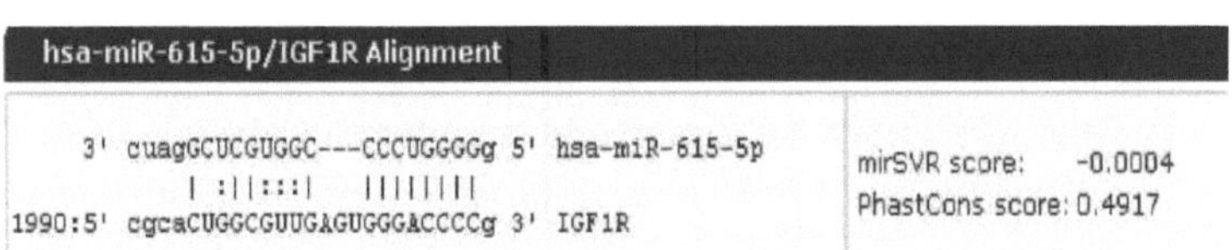

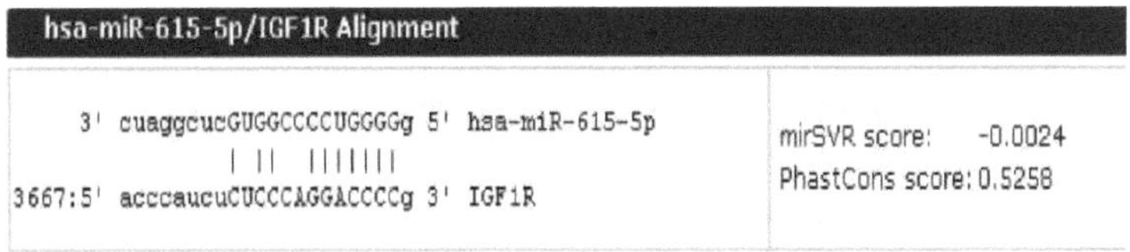

Figura 14: Alinhamentos do miR-615-5p/IGF-1R

A figura ilustra o alinhamento do miR-615-5p e do 3' UTR do mRNA do IGF-1R e a sua pontuação de ligação prevista.

MiR-155-5p

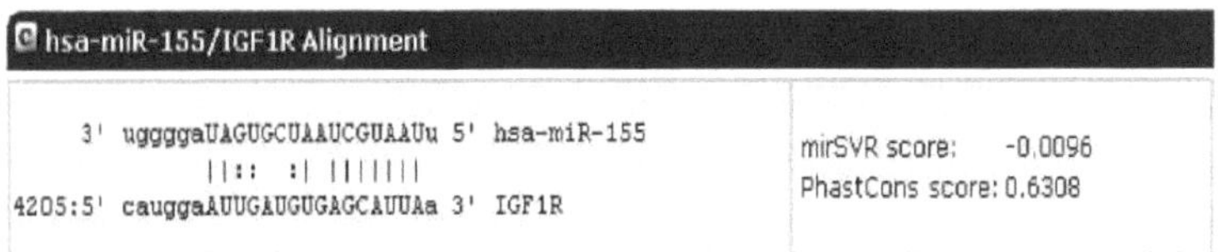

Figura15: Alinhamentos do miR-155-5p/IGF-1R

A figura ilustra o alinhamento do miR-155-5p e da 3' UTR do mRNA do IGF-1R e a sua pontuação de ligação prevista.

4.2 Perfil de expressão do nível de ARNm do IGF-IR e dos seus mediadores a jusante em células PBNK de doentes com CHC induzido pelo VHC e de controlos saudáveis.

Os níveis de ARNm do IGF-IR e dos seus mediadores a jusante; STAT3 e mTOR foram medidos em células NK de doentes com CHC induzido por VHC (n=72) e em controlos saudáveis (n=27) utilizando qRT-PCR. A expressão de IGF-IR, STAT3 e mTOR foi normalizada para o gene de controlo B2M. Procedeu-se então ao cálculo da quantificação relativa (RQ). Os resultados mostraram que houve uma regulação negativa significativa no nível de ARNm do IGF-IR e do STAT3 em doentes com CHC em comparação com controlos saudáveis, (p= 0,0098) e (p= 0,0242), respetivamente. Por outro lado, os resultados mostraram uma regulação ascendente significativa do nível de ARNm de mTOR em doentes com CHC em comparação com controlos saudáveis (p= 0,0278) (Figura 16).

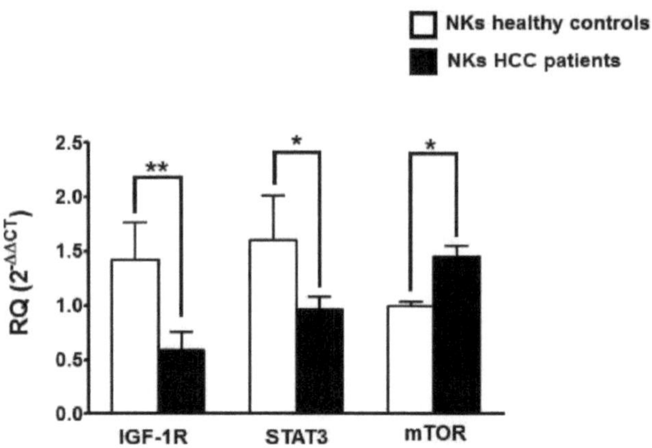

Figura16: Perfil de expressão do IGF-IR e dos seus mediadores a jusante; STAT3 &mTOR em células NK de doentes com CHC induzido por VHC em comparação com controlos saudáveis.

A expressão de IGF-1R e do seu mediador a jusante, STAT3 e mTOR, foi analisada através de PCR TaqMan em tempo real e normalizada para B2M como controlo interno em células NK de doentes com CHC induzido por VHC em comparação com controlos saudáveis. Verificou-se que os níveis de expressão do ARNm do IGF-1R e do STAT3 eram significativamente inferiores nas células NK de doentes com CHC em comparação com controlos saudáveis, (valor p = 0,0098) e (valor p = 0,0242), respetivamente. Enquanto os níveis de ARNm de mTOR mostraram uma regulação ascendente significativa nas células NK de doentes com CHC em comparação com controlos saudáveis (valor de p = 0,0278).

4.3 Expressão ectópica de miR-615-5p e miR-155-5p em células PBNK de doentes com CHC induzido por VHC.

4.3.1 Eficiência de transfecção dos oligonucleótidos miR-615-5p em células NK de doentes com CHC induzido pelo VHC.

Para uma análise mais aprofundada do impacto do miR-615-5p nas células NK isoladas do sangue periférico de doentes com CHC induzido pelo VHC, foi efectuada uma análise de ganho e perda de função. Consequentemente, as células NK foram transfectadas com mímicos do miR-615-5p. Para avaliar a eficácia da transfecção, o miR-615-5p foi então quantificado 48 horas após a transfecção utilizando qRT-PCR. Observou-se um aumento dramático da regulação do miR-615-5p de ~ 671 vezes nas células mimetizadas em comparação com os controlos simulados (0,0001). Figura 17

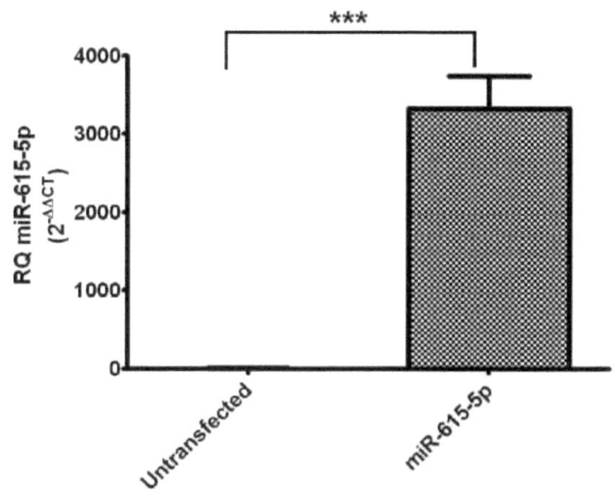

Figura 17: Eficácia da transfecção do miR-615-5p que mimetiza as células PBNK de doentes com CHC induzido pelo VHC.

A expressão de miR-615-5p em NKs não transfectadas e mimetizadas foi determinada por qRT-PCR 48 horas após a transfecção. A expressão de miR-615-5p foi normalizada para RNU6B como controlo interno. Os níveis de miR-615-5p mostraram um aumento de ~761 vezes nas células mimetizadas em comparação com as células simuladas não transfectadas. (Valor de P = 0,0001). Cada barra representa a média ± SEM. Os resultados foram analisados utilizando o teste t de Student não pareado, em que *** = P<0,001, **= P<0,01, *=P<0,05 e ns=estatisticamente não significativo.

4.3.2 Impacto do miR-615-5p no nível de mRNA do IGF-1R e seus mediadores; STAT3 e mTOR.

Os níveis de IGF-1R mostraram uma regulação negativa significativa nas células NK após a mimetização com miR-615-5p em comparação com células não transfectadas (p=0,0113). Por outro lado, a antagonização do miR-615-5p não mostrou qualquer significado em comparação com as células não transfectadas (p=0,1697). Uma vez que o IGF-1R foi afetado pelo miR-615-5p, os níveis do mediador a jusante STAT3 mostraram uma regulação negativa significativa nas células NK após a mimetização com o miR-615-5p em comparação com as células não transfectadas (p=0,0215). Por outro lado, a antagonização do miR-615-5p não mostrou qualquer diferença significativa em comparação com as células não transfectadas (p= 0,0820). Embora o IGF-IR tenha sido afetado pelo miR-615-5p, os níveis do mediador a jusante mTOR não apresentaram alterações significativas nas células NK de doentes com CHC após a mimetização e antagonização com o miR-615-5p em comparação com as células não transfectadas (p= 0,4866) e (p= 0,4525), respetivamente. Todos normalizados para o gene

de controlo B2M. Figura 18

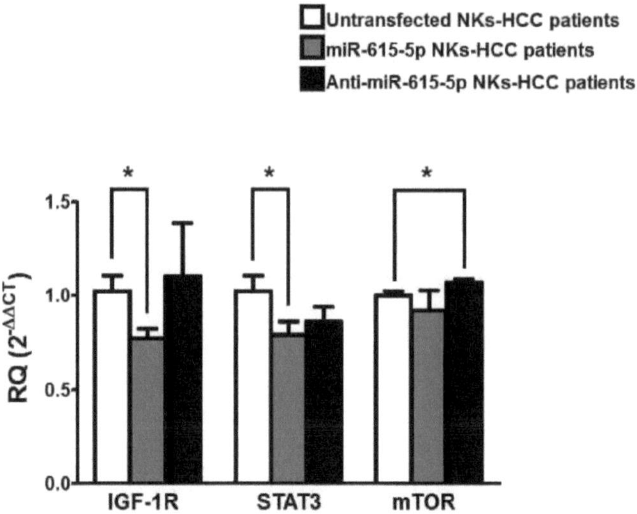

Figura 18: Efeito da manipulação do miR-615-5p na expressão de IGF-IR, subsequentemente STAT3 e mTOR em células PBNK de doentes com CHC induzido por VHC.

Após a imitação do miR-615-5p em células NK de doentes com CHC induzido pelo VHC, a expressão do mRNA do IGF-IR foi significativamente reduzida em comparação com as células simuladas (p= 0,0113). Enquanto os inibidores do miR-615-5p não mostraram diferenças significativas (p= 0,1697). Subsequentemente, os níveis de transcrição de STAT3 foram significativamente reduzidos nas células mimetizadas em comparação com as células simuladas não transfectadas (p= 0,0215). Não se registou qualquer diferença significativa para os antagomirs (p= 0,0820). No entanto, os níveis de mRNA de mTOR não mostraram diferença significativa nas células NK de pacientes com CHC em comparação com as células simuladas após a transfecção com mímicos e antagomirs de miR-615-5p (p= 0,4866) e (p= 0,4525), respetivamente. Todos normalizados para o gene de controlo B2M. Cada barra representa a média± SEM. Os resultados foram analisados usando o teste t de Student não pareado, onde *** = P<0,001, **= P<0,01, *=P<0,05 e ns=estatisticamente não significativo.

4.3.3 Eficiência de transfecção dos oligonucleótidos miR-155 em células NK de doentes com CHC.

Para uma análise mais aprofundada do impacto do miR-155 nas células NK isoladas do sangue periférico de doentes com CHC, foi efectuada uma análise de ganho e perda de função. Consequentemente, as células NK foram transfectadas com mímicos do miR-155. Para avaliar a eficácia da transfecção, o miR-155 foi então quantificado 48 horas após a transfecção utilizando qRT-PCR. Observou-se um aumento dramático da regulação do miR-155 de - 3000 vezes nas células mimetizadas em comparação com os controlos simulados. Figura 19

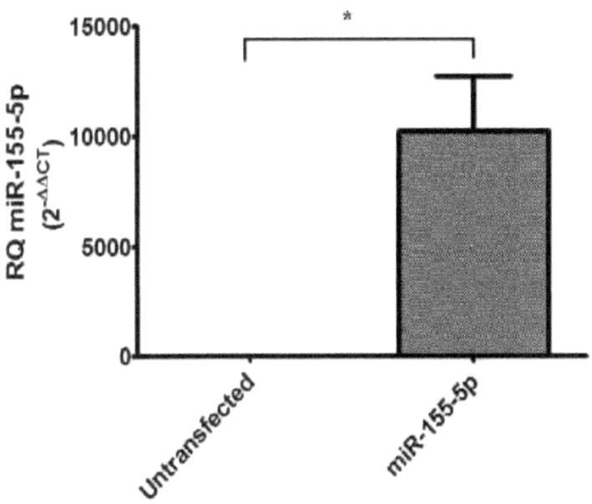

Figura 15: Eficiência da transfecção de mimetização do miR-155-5p de células PBNK de doentes com CHC.

A expressão de miR-155 em NKs não transfectadas e mimetizadas foi determinada por qRT-PCR 48 horas após a transfecção. A expressão do miR-155 foi normalizada para RNU6B como controlo interno. Os níveis de miR -155 mostraram um aumento de ~ 3000 vezes nas células mimetizadas em comparação com as células simuladas não transfectadas.

4.3.4 Impacto do miR-155 no nível de mRNA do IGF-1R e seus mediadores; STAT3 e mTOR.

Os níveis de IGF-1R mostraram um aumento significativo da regulação nas células NK após a mimetização com miR-155-5p em comparação com células não transfectadas (p=0,0444). Por outro lado, a antagonização do miR-155-5p não mostrou qualquer significado em comparação com as células não transfectadas (p=0,0533). Uma vez que o IGF-1R foi afetado pelo miR-155-5p, os níveis do mediador a jusante STAT3 e mTOR mostraram uma regulação significativa nas células NK após a mimetização com miR-155-5p em comparação com células não transfectadas (p=0,0486) (p=0,0087), respetivamente. Por outro lado, a antagonização do miR-155-5p não mostrou qualquer diferença significativa no STAT3 e no mTOR em comparação com as células não transfectadas (p= 0,1730) (p= 0,3262), respetivamente. Tudo normalizado para o gene de controlo B2M. Figura 20

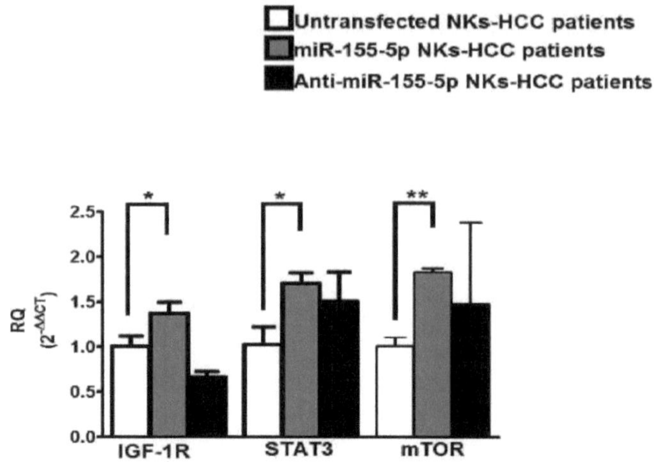

Figura 20: Efeito da manipulação do miR-155-5p na expressão de IGF-IR, subsequentemente STAT3 e mTOR em células PBNK de doentes com CHC induzido por VHC.

Após a mimetização do miR-155-5p em células NK de doentes com CHC induzido pelo VHC, a expressão do mRNA do IGF-IR foi significativamente regulada em comparação com as células simuladas (p= 0,0444), enquanto os inibidores do miR-155-5p não mostraram diferenças significativas (p= 0,0533). Subsequentemente, os níveis de transcrição de STAT3 e mTOR foram significativamente aumentados nas células mimetizadas em comparação com as células simuladas não transfectadas (p= 0,0486) (p=0,0087), respetivamente. Não foi observada qualquer diferença significativa para os antagomirs (p= 0,1730) (p=0,3262), respetivamente. Todos normalizados para o gene de controlo B2M.

4.4 HCC manobrando a citotoxicidade das células PBNK: 4.4.1 Perfil de expressão dos receptores das células NK; receptores NKG2D activadores e receptores NKG2A inibidores e os efectores citotóxicos: TNF-α e Perforinas nos níveis de ARNm em células NK de doentes com CHC induzido pelo VHC Vs Controlos saudáveis.

As células NK associadas aos tumores apresentaram um fenótipo modificado, tal como observado em vários cancros. Assim, foi efectuada uma avaliação da capacidade de reconhecimento das células NK representada pelos receptores inibitórios NKG2A e activadores NKG2D, para além do TNF-α e das perforinas como exemplos da capacidade de produção de citocinas e da citotoxicidade das células NK em células NK de doentes com CHC induzido pelo VHC e de controlos saudáveis. Os níveis de ARNm de NKG2A, NKG2D, TNF-α e perforinas foram medidos em células NK de doentes com CHC (n=72) e em controlos saudáveis (n=27) utilizando qRT-PCR. Procedeu-se então ao cálculo da quantificação relativa (RQ). Os doentes com CHC apresentaram uma regulação significativa para baixo e para cima na expressão do ARNm NKG2A e NKG2D em comparação com os controlos (p = 0,0286) e (p = 0,0374), respetivamente. Além disso, o nível de ARNm de TNF-α foi significativamente reduzido ($p < 0,0001$), mas as perforinas não apresentaram alterações significativas ($p = 0,2566$) nos doentes com CHC em comparação com os controlos. Tudo normalizado para B2M como controlo interno. Figura 21

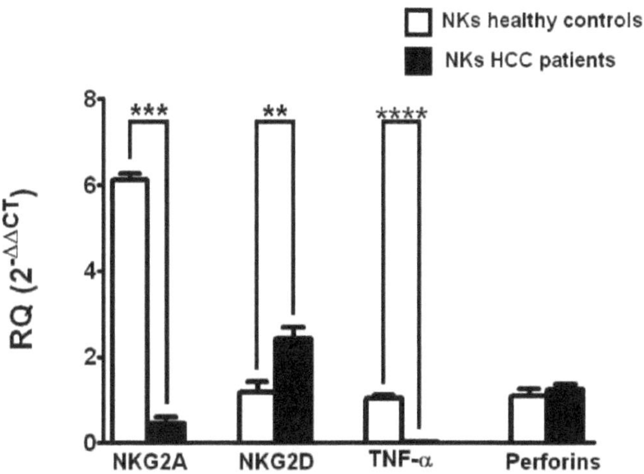

Figura 16: Rastreio de NKG2A, NKG2D, TNF-a e perforinas em células NK de doentes com CHC induzido pelo VHC em comparação com controlos saudáveis.

A expressão de NKG2A, NKG2D, TNF-a e perforinas foi analisada através de PCR TaqMan em tempo real e normalizada para B2M como controlo interno em células NK de doentes com CHC induzido por VHC em comparação com controlos saudáveis. Verificou-se que os níveis de expressão de ARNm de NKG2A e TNF-α eram significativamente inferiores nas células NK de doentes com CHC em comparação com controlos saudáveis, ($p = 0,0286$) e ($p < 0,0001$), respetivamente. Enquanto os níveis de ARNm de NKG2D mostraram uma regulação ascendente significativa nas células NK de doentes com CHC em comparação com controlos saudáveis ($p = 0,0374$) e as perforinas não mostraram diferenças significativas ($p = 0,2566$).

4.4.2 Examinar o impacto da manipulação do eixo IGF através da forçagem do miR-615-5p na funcionalidade das células NK (capacidade de reconhecimento das células NK, produção de citocinas e citotoxicidade).

4.4.2.1 Avaliação dos níveis de ARNm do recetor inibitório NKG2A, do recetor ativador NKG2D, da citocina pleotrópica TNF-α e dos grânulos citotóxicos das perforinas em células PBNK de doentes com CHC induzido pelo VHC.

Ao mimetizar e antagonizar as células NK com oligos miR-615-5p, a NKG2A não apresentou diferenças significativas em comparação com as células NK não transfectadas de doentes com CHC induzido pelo VHC (p= 0,4482) (p= 0,2955). As células NKG2D, TNF-α e perforinas apresentaram uma regulação negativa acentuada (p= 0,0254), (p= 0,0257) e (p= 0,0459) após a imitação do miR-615-5p; no entanto, os antagomiRs do miR-615-5p aumentaram significativamente a expressão de NKG2D (p= 0.0207), suprimiram ainda mais o TNF-α (p= 0,0139) e não apresentaram diferenças significativas nas perforinas (p= 0,1923) em comparação com as células NK não transfectadas de doentes com CHC. Tudo normalizado para B2M como controlo interno. Figura 22

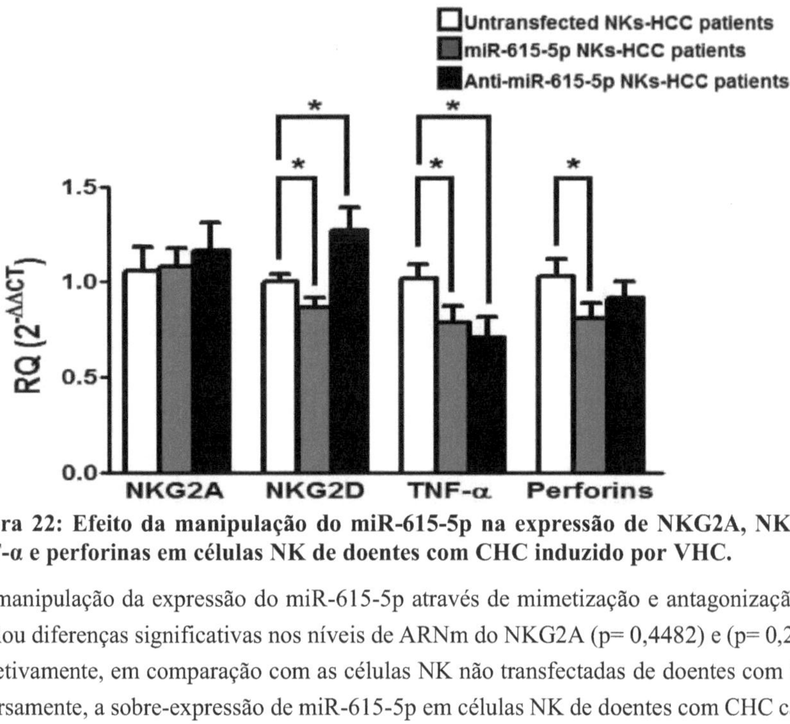

Figura 22: Efeito da manipulação do miR-615-5p na expressão de NKG2A, NKG2D, TNF-α e perforinas em células NK de doentes com CHC induzido por VHC.

A manipulação da expressão do miR-615-5p através de mimetização e antagonização não revelou diferenças significativas nos níveis de ARNm do NKG2A (p= 0,4482) e (p= 0,2955), respetivamente, em comparação com as células NK não transfectadas de doentes com CHC. Inversamente, a sobre-expressão de miR-615-5p em células NK de doentes com CHC causou uma repressão significativa dos níveis de ARNm de NKG2D, TNF-α e perforinas em comparação com células não transfectadas (p= 0,0254), (p= 0,0257) e (p= 0,0459), respetivamente. Por outro lado, a inibição do miR-615-5p conduz a uma regulação positiva significativa de NKG2D (p= 0,0207), a uma diminuição de TNF-a (p= 0,0139) e não apresentou diferenças significativas nas perforinas (P= 0,1923) em comparação com as células NK de doentes com CHC. Todos normalizados para o gene de controlo B2M.

4.5 Análise de correlação entre o ator-chave IGFIR e NKG2D e Perforins em células NK de doentes com CHC induzido pelo VHC.

Devido a estes resultados intrigantes, foi necessário investigar se o IGFIR está correlacionado com a funcionalidade das células NK representada na ativação de NKG2D e das Perforinas citotóxicas. Os resultados mostraram uma correlação negativa entre

IGFIR e NKG2D em células NK não transfectadas de doentes com CHC (valor de p = 0,0157). Além disso, foi apresentada uma correlação indireta entre IGFIR e Perforins em células NK não transfectadas de doentes com CHC (valor de p = 0,0105). Figura 23 (A-B)

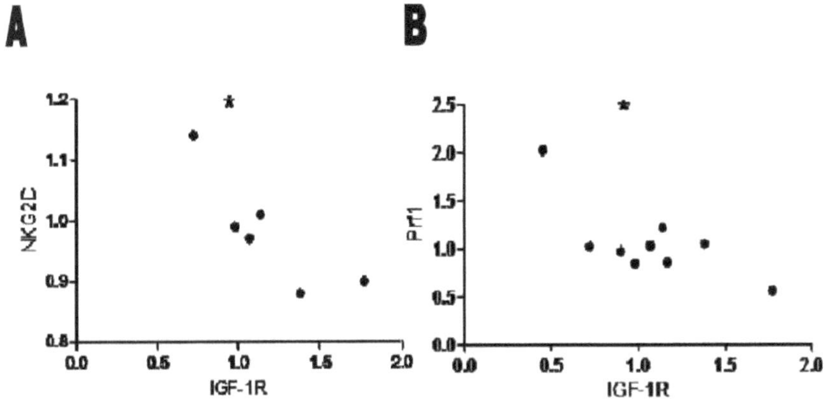

Figura23: Análise de correlação entre IGF1R e NKG2D e Perforins em células NK não transfectadas de doentes com CHC induzido pelo VHC

É demonstrada uma correlação inversa entre IGFIR e NKG2D e Perforins em células NK não transfectadas de doentes com CHC com (p= 0,0157) (p= 0,0105) respetivamente.

Isto estimulou a questão seguinte: se esta correlação negativa entre IGF1R e NKG2D e Perforins em células NK não transfectadas de doentes com CHC é reservada em células NK mimetizadas com miR-615-5p de doentes com CHC. Por outro lado, os resultados mostraram uma correlação direta entre IGFIR e NKG2D e perforinas em células NK mimetizadas de doentes com CHC (valor p = 0,0455) (valor p = 0,0226), respetivamente. Figura 24 (A-B)

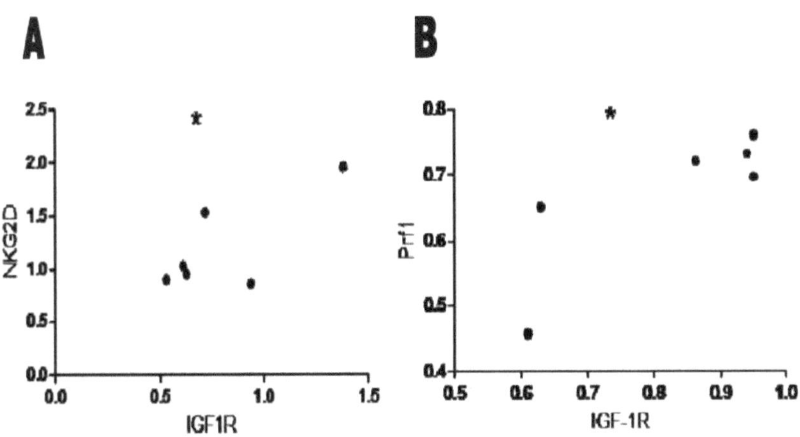

Figura 17: Análise de correlação entre IGFIR e NKG2D e Perforins em células NK mimetizadas com miR-615-5p de doentes com CHC induzido por VHC

A análise de correlação mostrou uma relação positiva entre IGFIR e NKG2D e Perforins em células NK mimetizadas com miR-615-5p de doentes com CHC com (p = 0,0455) (p = 0,0226), respetivamente.

4.6 Impacto oposto da manipulação do eixo IGF através do forçamento do miR-155-5p na funcionalidade das células NK (capacidade de reconhecimento das células NK, produção de citocinas e citotoxicidade).

4.6.1 Avaliação dos níveis de ARNm do recetor inibitório NKG2A, do recetor ativador NKG2D, da citocina pleotrópica TNF-α e dos grânulos citotóxicos das perforinas em células PBNK de doentes com CHC induzido pelo VHC.

A sobre-expressão do miR-155 em células PBNK de doentes com CHC não observou diferenças significativas nos níveis de ARNm de NKG2A, NKG2D e perforinas em comparação com células NK não transfectadas (p= 0,4590) (p= 0,1976) (p= 0,3763), respetivamente. Por outro lado, o nível de ARNm de TNF-α foi elevado nas células NK mimetizadas com miR-155-5p de doentes com CHC (p= 0,0075). A inibição do miR-155-5p nas células NK de doentes com CHC apresentou níveis comparáveis de NKG2D e perforinas (p= 0,3688) (p= 0,4954) aos das células NK não transfectadas de doentes com CHC, enquanto as transcrições de NKG2A foram suprimidas de forma acentuada (p= 0,0321). Tudo normalizado para B2M como controlo interno. Figura 25

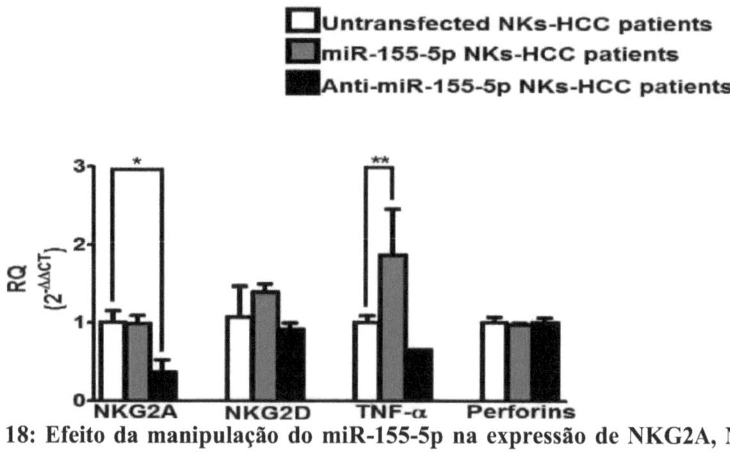

Figura 18: Efeito da manipulação do miR-155-5p na expressão de NKG2A, NKG2D, TNF-α e perforinas em células NK de doentes com CHC induzido por VHC.

A manipulação da expressão do miR-155-5p através de mimetização e antagonização não revelou diferenças significativas nos níveis de ARNm do NKG2D (p= 0,1976) (p= 0,3688) e no nível de perforinas (p= 0,3763) (p= 0,4954), respetivamente, em comparação com as células NK não transfectadas de doentes com CHC. Além disso, os níveis de NKG2A não se alteraram nas células NK mimetizadas com miR-155-5p de doentes com CHC (p= 0,4590), mas os inibidores de miR-155-5p diminuíram significativamente os níveis de NKG2A (p=0,0321). Inversamente, a expressão excessiva de miR-155-5p em células NK de doentes com CHC provocou uma elevação significativa dos níveis de ARNm de TNF-α em comparação com células não transfectadas (p= 0,0075). Todos normalizados para o gene de controlo B2M.

4.7 O estado fisiológico da célula afecta a ação dos microRNAs.

4.7.1 Investigar o efeito da expressão ectópica do miR-615-5sobre as células NK de controlos saudáveis.

4.7.1.1 Eficiência de transfecção dos oligonucleótidos miR-615-5p em células NK de controlos saudáveis

Para uma análise mais aprofundada do impacto do miR-615-5p nas células NK isoladas do sangue periférico de controlos saudáveis, procedeu-se a um ganho e perda de função. Consequentemente, as células NK foram transfectadas com mímicos do miR-615-5p. Para avaliar a eficácia da transfecção, o miR-615-5p foi quantificado 48 horas após a transfecção utilizando qRT-PCR. A expressão de miR-615-5p foi normalizada para RNU6B como controlo interno. Observou-se um aumento dramático da regulação do miR-615-5p de ~ 39.000 vezes nas células mimetizadas em comparação com os controlos simulados (p= 0,0005). Figura 26

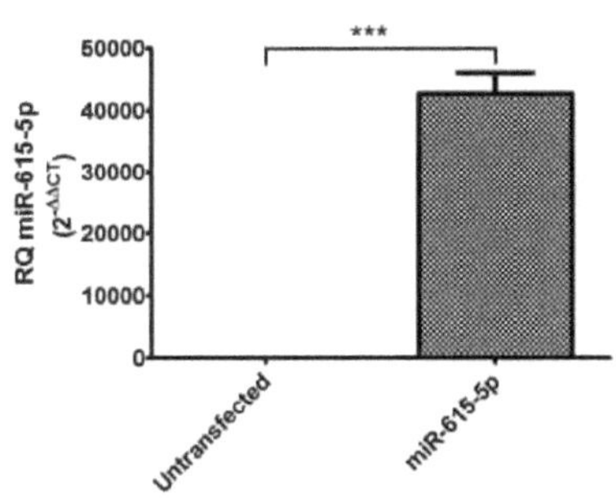

Figura 19: Eficiência da transfecção de mimetizadores do miR-615-5p em células PBNK de controlos saudáveis.

A expressão de miR-615-5p em NKs não transfectadas e mimetizadas de controlos saudáveis foi determinada por qRT-PCR 48 horas após a transfecção. A expressão de miR-615-5p foi normalizada para RNU6B como controlo interno. Os níveis de miR-615-5p mostraram~ um aumento de 39.000 vezes nas células NK mimetizadas em comparação com as células NK simuladas não transfectadas (p = 0,0005). Cada barra representa a média± SEM. Os resultados foram analisados com o teste t de Student não pareado, em que *** =

P<0,001, **= P<0,01, *=P<0,05 e ns=estatisticamente não significativo.

4.7.2 Impacto do miR-615-5p no nível de mRNA do IGF-1R e dos seus mediadores; STAT3 e mTOR em células PBNK de controlos saudáveis.

Curiosamente, os níveis de IGF-1R apresentaram uma regulação significativa para cima nas células NK após a imitação com miR-615-5p em comparação com as células não transfectadas (p=0,0101). Uma vez que o IGF-1R foi afetado pelo miR-615-5p, os níveis do mediador a jusante STAT3 mostraram, consequentemente, uma regulação significativa para cima nas células NK após a imitação com o miR-615-5p em comparação com as células não transfectadas (p=0,0122). No entanto, o mTOR não mostrou qualquer alteração significativa (p= 0,0607). Figura 27

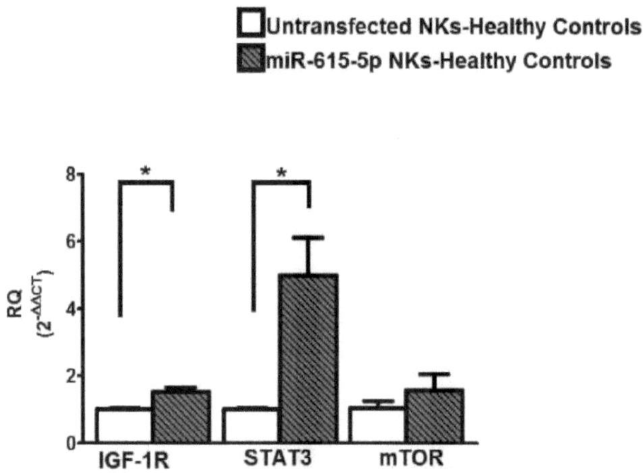

Figura 20: Efeito da manipulação do miR-615-5p na expressão de IGF-IR, subsequentemente STAT3 e mTOR em células PBNK de controlos saudáveis.

Após a mimetização do miR-615-5p em células NK de controlos saudáveis, a expressão do mRNA do IGF-IR foi significativamente regulada em comparação com as células simuladas (p=0,0101). Posteriormente, os níveis de transcrição de STAT3 aumentaram significativamente nas células mimetizadas em comparação com as células não transfectadas (p= 0,0122), mas o mTOR não mostrou qualquer alteração significativa (p= 0,0607). Cada barra representa a média ± SEM. Os resultados foram analisados usando o teste t de Student não pareado onde *** = P<0,001, **= P<0,01, *=P<0,05 e ns=estatisticamente não significativo.

4.7.3 Impacto da manipulação do eixo IGF através da forçagem do miR-615-5p nas células NK Funcionalidade dos controlos saudáveis (capacidade de reconhecimento e citotoxicidade das células NK).

4.7.3.1 Avaliação dos níveis de ARNm de NKG2A, NKG2D e perforinas em células PBNK de controlos saudáveis após imitação do miR-615-5p.

Após a mimetização das células NK com oligos miR-615-5p, a NKG2A e o TNF-α não apresentaram diferenças significativas em comparação com as células NK não transfectadas de controlos saudáveis (p= 0,2522) (p= 0,1020), respetivamente. As células NKG2D e as perforinas mostraram uma regulação positiva acentuada (p= 0,0091) e (p= 0,0282), respetivamente, após a imitação do miR-615-5p, em comparação com as células NK não transfectadas de controlos saudáveis. Tudo normalizado para B2M como controlo interno. Figura 28

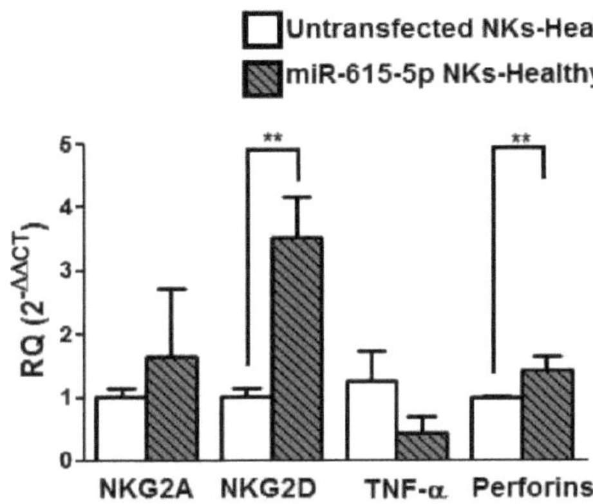

Figura 21: Efeito da manipulação do miR-615-5p na expressão de NKG2A, NKG2D, TNF-α e Perforins em controlos saudáveis.

A manipulação da expressão do miR-615-5p por mimetismo não revelou uma diferença significativa nos níveis de ARNm do NKG2A e do TNF-α (p= 0,2522) (p= 0,1020), respetivamente, em comparação com as células NK não transfectadas de controlos saudáveis. Inversamente, a sobre-expressão do miR-615-5p em células NK de controlos saudáveis provocou uma elevação significativa dos níveis de ARNm do NKG2D e das perforinas em comparação com células não transfectadas (p= 0,0091) e (p= 0,0282), respetivamente. Todos normalizados para o gene de controlo B2M.

4.8 Expressão diferencial de IGFIR e do seu mediador a jusante "STAT3 & mTOR" após manipulação por miR-615-5p e miR-155 em linhas celulares Huh7.

4.8.1 Eficiência de transfecção da linha celular de carcinoma hepatocelular de oligonucleótidos miR-615-5p (células Huh7).

O ganho e a perda de função foram executados para uma análise mais aprofundada do impacto do miR-615-5p nas células Huh7. Consequentemente, as células Huh7 foram transfectadas com mímicos do miR-615-5p. Para avaliar a eficácia da transfecção, o miR-615-5p foi então quantificado 48 horas após a transfecção utilizando qRT-PCR. A expressão do miR-615-5p foi normalizada para RNU6B como controlo interno. Foi observada uma regulação dramática do miR-615-5p de ~2500 vezes nas células mimetizadas em comparação com os controlos simulados (<0,0001). Figura 29

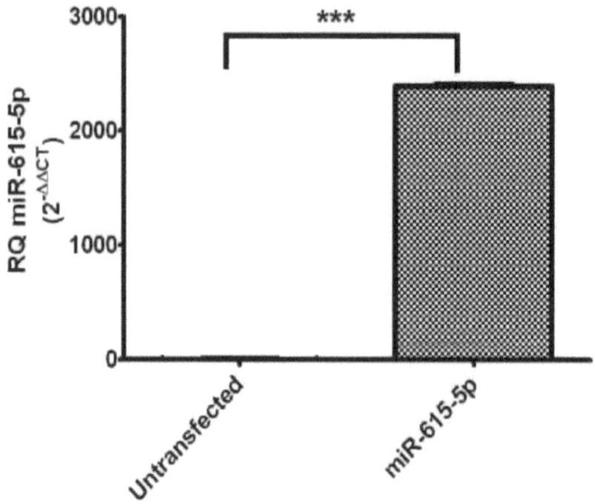

Figura29: Eficiência de transfecção da mimetização do miR-615-5p em células Huh7

A expressão de miR-615-5p em células Huh7 não transfectadas e mimetizadas foi determinada por qRT-PCR 48 horas após a transfecção. A expressão de miR-615-5p foi normalizada para RNU6B como controlo interno. Os níveis de miR-615-5p mostraram um aumento de ~2500 vezes nas células mimetizadas em comparação com as células simuladas não transfectadas (p <0,0001).

4.8.2 Impacto do miR-615-5p no nível de ARNm do IGF-1R e nos seus mediadores; STAT3 e mTOR

Os níveis de IGF-1R mostraram uma regulação negativa significativa nas células Huh7 após a mimetização com miR-615-5p em comparação com as células não transfectadas (p=0,0227). No entanto, os antagomiRs do miR-615-5p não apresentaram alterações significativas em comparação com as células não transfectadas (p=0,8021). Uma vez que o IGF-1R foi afetado pelos mímicos do miR-615-5p, os níveis do mediador a jusante STAT3 e mTOR apresentaram uma regulação negativa significativa nas células Huh7 mimetizadas com o miR-615-5p em comparação com as células não transfectadas (p=0,0030) (p= 0,0487), respetivamente. Por outro lado, os inibidores de miR-615-5p não mostraram qualquer diferença significativa em comparação com as células não transfectadas nas transcrições de STAT3 (p= 0,1125), mas mostraram uma regulação significativa para cima nos níveis de mTOR (p= 0,0028). Figura 30

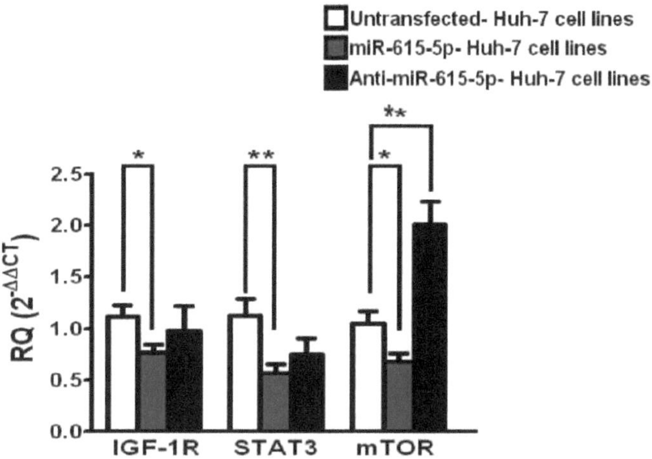

Figura 22: Efeito da manipulação do miR-615-5p na expressão de IGF-1R em células Huh7 e dos seus mediadores STAT3 e mTOR.

Após a transfecção com mímicos do miR-615-5p, os níveis de ARNm do IGF-1R diminuíram significativamente em comparação com as células simuladas (p= 0,0227). Em seguida, os níveis de mRNA de STAT3 e mTOR diminuíram significativamente em comparação com as células simuladas (p=0,0030) (p= 0,0487), respetivamente. O IGF-1R e o STAT3 não registaram diferenças significativas (p=0,8021) (p= 0,1125), respetivamente, no entanto, o mTOR apresentou uma regulação ascendente acentuada (p= 0,0028) nas células huh7 antagonizadas com miR-615-5p, em comparação com as células simuladas. Tudo normalizado para o gene de controlo B2M.

4.8.3 Eficiência de transfecção da linha celular de carcinoma hepatocelular de oligonucleótidos miR-155 (células Huh7).

O ganho e a perda de função foram executados para uma análise mais aprofundada do impacto do miR-155 nas células Huh7. Consequentemente, as células Huh7 foram transfectadas com mímicos do miR-155. Para avaliar a eficácia da transfecção, o miR-155 foi então quantificado 48 horas após a transfecção utilizando qRT-PCR. A expressão do miR-155-5p foi normalizada para RNU6B como controlo interno. Foi observada uma regulação dramática do miR-155 nas células mimetizadas em comparação com os controlos simulados ($p<0,0307$). (Figura 31)

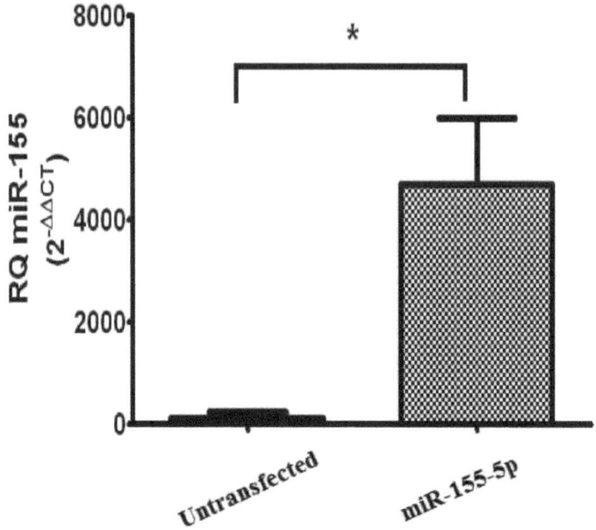

Figura 23: Eficiência de transfecção da imitação do miR155 em células Huh7

A expressão do miR-155 nas células Huh7 não transfectadas e mimetizadas foi determinada por qRT-PCR 48 horas após a transfecção. A expressão do miR-155 foi normalizada para RNU6B como controlo interno. Os níveis de miR-155 mostraram um aumento nas células mimetizadas em comparação com as células simuladas não transfectadas ($p<0{,}0307$).

4.8.4 Impacto do miR-155-5p no nível de ARNm do IGF-1R e nos seus mediadores; STAT3 e mTOR

Ao contrário das linhas celulares Huh-7 manipuladas com miR-615-5p, os níveis de IGF-1R mostraram uma regulação significativa para cima nas células Huh7 após a mimetização com miR-155-5p em comparação com as células não transfectadas ($p=0{,}0003$). Uma vez que o IGF-1R foi afetado pelo miR-155-5p, os níveis dos mediadores a jusante STAT3 e mTOR mostraram uma regulação significativa para cima nas células Huh7 mimetizadas com miR-155-5p em comparação com as células não transfectadas ($p<0{,}0001$)($p=0{,}0009$) respetivamente. Por outro lado, os inibidores de miR-155-5p não mostraram qualquer diferença significativa em comparação com as células não transfectadas nas transcrições de IGF-1R, STAT3 e mTOR ($p=0{,}1220$) ($p= 0{,}3332$) ($p= 0{,}8942$), respetivamente. Todos normalizados para o gene de controlo B2M. Figura 32

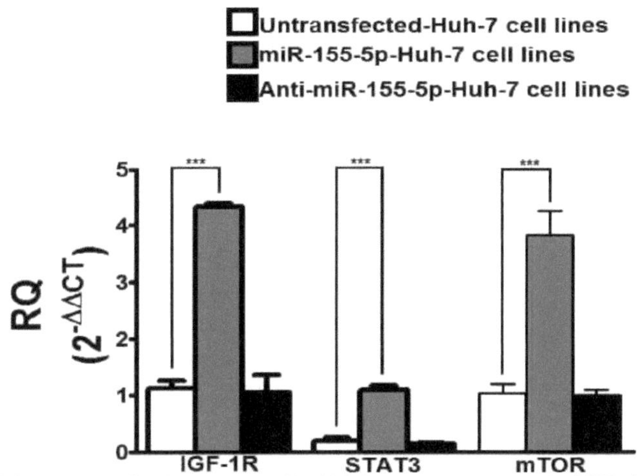

Figura32: Efeito da manipulação do miR-155-5p na expressão de IGF-1R em células Huh7 e dos seus mediadores STAT3 e mTOR.

Após a transfecção com mímicos do miR-155-5p, os níveis de mRNA do IGF-1R aumentaram significativamente em comparação com as células simuladas (p=0,0003). Em seguida, os níveis de mRNA de STAT3 e mTOR também aumentaram significativamente em comparação com as células simuladas (p<0,0001) (p=0,0009), respetivamente. Por outro lado, IGF-1R, STAT3 e mTOR não apresentaram diferença significativa (p=0,1220) (p= 0,3332) (p= 0,8942), respetivamente, nas células huh7 antagonizadas com miR-155-5p em comparação com as células simuladas. Tudo normalizado para o gene de controlo B2M.

4.9 O miR-615-5p e o miR-155-5p têm um impacto na célula-alvo (células Huh7)?

Os resultados acima referidos suscitaram a seguinte questão: se os miR-615-5p e miR-155-5p afectariam também a célula-alvo (células Huh7), influenciando o seu reconhecimento pelas células efectoras (células NK) na sinapse. Para o efeito, o ligando NKG2D (ULBP2) foi avaliado após a manipulação do eixo IGF por miR-615-5p e miR-155.

4.9.1 Impacto da manipulação do eixo IGF através do forçamento do miR-615-5p em células Huh7 na capacidade de reconhecimento das células NK.

A sobre-expressão do miR-615-5p nas células Huh7 provocou uma redução acentuada da expressão dos níveis de ARNm do ligando NKG2D (ULBP2) em comparação com as células não transfectadas (p= 0,0227), enquanto que os inibidores do miR-615-5p não apresentaram alterações significativas (p= 0,8021). Figura 33

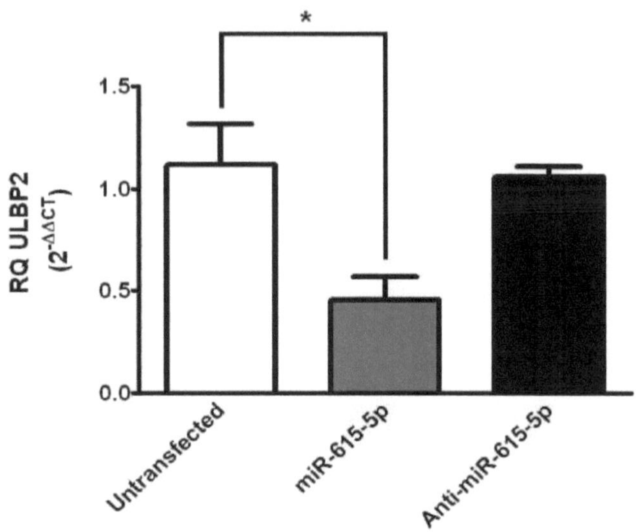

Figura33: Efeito da manipulação do eixo IGF pelo miR-615-5p na ULBP2 em linhas celulares Huh-7.

Ao mimetizar as células Huh7 com miR-615-5p, os ligandos NKG2D (ULBP2) apresentaram uma regulação negativa significativa (p= 0,0227), enquanto a inibição de miR-615-5p não observou qualquer diferença significativa (p= 0,8021).

4.9.2 Impacto da manipulação do eixo IGF através do forçamento do miR-155-5p em células Huh7 na capacidade de reconhecimento das células NK.

A sobre-expressão do miR-155-5p nas células Huh7 provocou um aumento acentuado da expressão dos níveis de ARNm do ligando NKG2D (ULBP2) em comparação com as células não transfectadas (p= 0,0250). Além disso, os inibidores do miR-155-5p mostraram uma regulação significativa (p= 0,0017). Todos normalizados para B2M como controlo interno. Figura 34

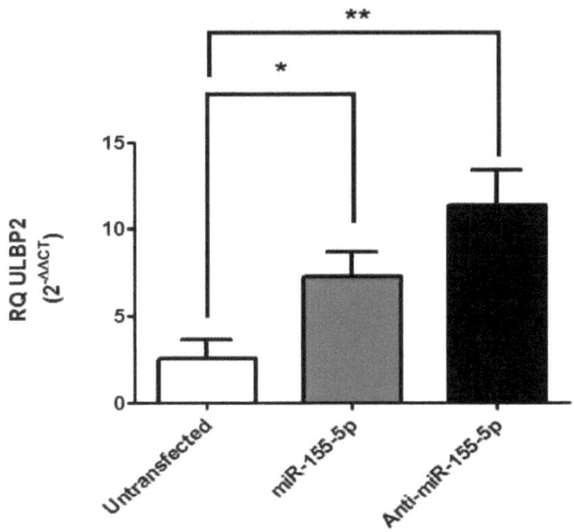

Figura 34: Efeito da manipulação do eixo IGF pelo miR-155-5p na ULBP2 em linhas celulares Huh-7.

Ao mimetizar as células Huh7 com miR-155-5p, os ligandos NKG2D (ULBP2) mostraram uma regulação ascendente significativa (p= 0,0250), e a inibição do miR-155-5p observou também uma elevação significativa (p= 0,0017).

5. Discussão

O CHC constitui um desafio para os cientistas de todo o mundo e é considerado um fardo importante, com poucos tratamentos bem sucedidos, especialmente no Egito[5]. A via IGF/IGF-IR está intimamente ligada ao desenvolvimento e à função dos tecidos [291]. Apesar de ser considerado um dos principais alvos dos esforços dirigidos para o desenvolvimento de medicamentos para o CHC, o motor da patogénese do CHC, a via IGF/IGF-IR, foi recentemente incluído na regulação homeostática da imunidade[286]. Com esta perceção crescente, o papel da via IGF/IGF-IR tem sido amplamente caracterizado no desenvolvimento e na função dos linfócitos T e B. Por exemplo, a expressão de IGF-IR é regulada positivamente nas células T após a sua ativação, e o bloqueio de IGF-IR diminui a sobrevivência dos linfócitos na presença de IL-2 [285]. No entanto, o papel do IGF-IR no desenvolvimento e na função das células NK permanece inexplicavelmente definido, embora seja altamente expresso nas células NK em comparação com todas as células imunitárias. Para além de um único estudo que demonstrou o papel do IGF-I/IGF-IR na promoção do desenvolvimento das células NK e no aumento da sua citotoxicidade [292]. As células NK são um subconjunto de linfócitos potente e distinto, com um papel central na imunidade inata, sendo a sua função citotóxica crucial na defesa contra agentes patogénicos e tumores como o CHC [252]. Provocantemente, a imunoterapia que utiliza células NK fornece novas perspectivas para a erradicação do CHC e a reconciliação do desafio [252].

Uma vez que o eixo IGF mostrou sinais promissores na citotoxicidade das células NK, acrescentando o seu papel na patogénese do CHC, surgiu a necessidade de estudar este eixo e a sua regulação nas células NK de doentes com CHC. Para um maior refinamento do quadro, o papel dos miRNAs na regulação do desenvolvimento, maturação, sobrevivência e função efectora das células NK tem sido ultimamente discutido em algumas publicações, mas raramente estudado em células NK de doentes com CHC[259, 266]. Assim, o nosso trabalho publicado anteriormente mostrou que o miR-615-5p é um supressor de tumor, enquanto o miR-155 é um oncomiR pelo seu impacto na regulação do eixo IGF no CHC [142, 258]. Assim, este estudo teve como objetivo investigar pela primeira vez o impacto do miR-615-5p e do miR-155 no eixo IGF e, consequentemente, na sinalização e função NK no CHC.

O perfil de expressão dos miR-615-5p e miR-155 nunca foi investigado em células NK de doentes com CHC ou de qualquer outro cancro. Uma nova descoberta deste estudo revelou que os miR-615-5p e miR-155 estavam altamente expressos em células NK de doentes com CHC em comparação com células NK de controlos saudáveis (Figura 12-13). A sua expressão diferencial sugeria evidentemente que poderiam contribuir para a regulação das células NK em doentes com CHC. Para uma análise mais aprofundada do seu mecanismo subjacente, o algoritmo de Miranda 74

foi utilizado para prever se potencialmente têm como alvo membros do eixo IGF. Assim, os resultados desta pesquisa sugeriram que o miR-615-5p e o miR-155 têm como alvo o 3'-UTR do IGF-1R (Figura 14-15).

O IGF-1R é um modulador crítico das células imunitárias. Por conseguinte, foi estudada a expressão do recetor IGF de tipo I e dos seus mediadores a jusante nas células NK de doentes com CHC. Este estudo revelou pela primeira vez uma regulação negativa significativa do IGF-IR nas células NK de doentes com CHC em comparação com as células NK de controlos saudáveis (Figura 16). Este facto pode sugerir uma limitação da capacidade das células NK. Uma vez que foi referido que, durante a ativação das células T, o IGF-1R diminuiu transitoriamente, a sua expressão foi restaurada ao nível do ARNm e da proteína algumas horas mais tarde [284]. Os mediadores a jusante STAT3 e mTOR têm um papel oncogénico positivo no CHC [293, 294], mas o seu papel nas células NK de doentes com CHC não foi suficientemente estudado [268]. O rastreio de STAT3 e mTOR em células NK de doentes com CHC revelou uma regulação negativa e uma regulação positiva significativas dos mediadores anteriores, respetivamente, em comparação com células NK saudáveis (Figura 16). Além disso, um relatório publicado recentemente demonstrou um aumento da proliferação e da função das células NK humanas activadas com IL-21, através da sinalização principalmente por STAT3[295]. Além disso, a via PI3K-AKT-mTOR está implicada numa gama alargada de funções de células NK induzidas pela IL-15, como a proliferação e a citotoxicidade [296]. Coletivamente, isto pode sugerir uma deficiência funcional na sinalização NK dos doentes com CHC, mediada nesta fase pelo STAT3, mas não pelo mTOR.

Para analisar o impacto do miR-615-5p e do miR-155 na sinalização das células NK, ambos os miRNAs foram induzidos ectopicamente em células NK de doentes com CHC. Esta sobre-expressão do miR-615-5p reprimiu marcadamente o IGF-IR e o STAT3 ao nível do ARNm, o que contrasta com o miR-155, que induziu significativamente o IGF-1R, o STAT3 e o mTOR (Figura 18, 20). O miR-615-5p não mostrou qualquer efeito significativo no nível do ARNm do mTOR (Figura 18). As interações entre miRNAs e mRNAs que ocorrem no alvo 3'UTR bem definido podem resultar para além da repressão translacional, como tradicionalmente adotado pelo miR-615-5p. De forma não canónica, os miRNAs associam diretamente AGO e FXR1, factores associados a micro-ribonucleoproteínas com os elementos ricos em AU (AREs), a um sinal de ativação da tradução, como foi recentemente estudado no miR-367-3[297]. Este mecanismo poderia fornecer uma possível explicação para a indução observada causada pelo miR-155.

A atividade das células NK antitumorais in vivo pode ser suprimida por células tumorais ou associadas ao tumor[298]. Assim, na tentativa de examinar o impacto do tumor na funcionalidade das células NK, foram considerados como representantes os genes NKG2D, NKG2A, TNF-α e perforinas. Em primeiro lugar, cada uma delas foi analisada em células NK de doentes com CHC induzido pelo VHC em comparação com células NK saudáveis durante 75 pela primeira vez. O principal recetor de ativação NKG2D apresentou uma regulação ascendente acentuada, enquanto o recetor inibitório NKG2A das células NK foi regulado para baixo e as perforinas não apresentaram alterações significativas (Figura 21). No entanto, estas caraterísticas fenotípicas das células NK coincidem com estudos que indicam que as células NK apresentam uma funcionalidade normal nas fases iniciais dos doentes com CHC não metastático, mas uma diminuição significativa da atividade das células NK nas fases avançadas do CHC[299, 300]. Estes resultados contestam estudos chineses anteriores que propõem uma regulação negativa da NKG2D das células NK no CHC relacionado com o VHB. No entanto, esta discrepância pode ser atribuída aos diferentes factores etiológicos que provocam o CHC [301, 302]. Surpreendentemente, os resultados actuais mostraram uma supressão acentuada de TNF-α nas células NK de doentes com CHC induzido pelo VHC em comparação com células NK saudáveis (Figura 21). Isto é compatível com os dados que indicam que a capacidade de produção de IFN-γ das células NK foi gravemente afetada nas fases iniciais do CHC [303]. Uma vez que o TNF-α e o IFN-γ são as citocinas pleotrópicas das células NK [250], estes dados podem confirmar a hipótese de que a produção de citocinas pelas células NK é provavelmente afetada nas fases iniciais do CHC antes dos receptores NK e dos grânulos citoplasmáticos libertados em fases avançadas.

Isto desencadeou o objetivo seguinte do estudo, em que o miR-615-5p e o miR-155 foram expressos à força em células NK de doentes com CHC e a funcionalidade das NK foi testada. Descobertas instigantes após a imitação do miR-615-5p revelaram uma regulação negativa significativa do NKG2D, do TNF-α e da perforina ao nível do ARNm, ao passo que o NKG2A não apresentou alterações significativas, sugerindo uma citotoxicidade atenuada das células NK (Figura 22). Também vale a pena mencionar que foi encontrada uma correlação negativa entre IGF-IR e NKG2D e perforinas, mas esta correlação foi invertida após a imitação com miR-615-5p (Figura 23-24). Foi demonstrado em vários estudos que a transcrição do recetor ativador NKG2D e das perforinas nas células NK é regulada pela fosforilação da tirosina STAT3. Em consonância com os resultados anteriores, em que o miR-615-5p reprimiu o IGF-IR e o seu mediador subsequente, o STAT3 [296, 304], este facto poderia explicar a atenuação observada do NKG2D e das perforinas após a indução do miR-615-5p. Inversamente, os resultados da mimetização do miR-155 não revelaram alterações visíveis em NKG2D, NKG2A e perforinas, mas uma regulação ascendente significativa em TNF-α (Figura 25). Em células mononucleares primárias e monócitos humanos, foi relatado que o STAT3 desempenha um papel crucial na regulação negativa da síntese de TNF-α[305, 306]. Apesar da alteração efectiva observada na expressão de STAT3 que foi associada a uma alteração imposta semelhante na expressão de TNF-α após a manipulação de miR-155 e miR-615-5p em células NK. Isto sugere que o TNF-alfa pode ser regulado pelo STAT3 nas células NK ou por outra via de sinalização. Em conjunto, o miR-615-5p suprime a capacidade de reconhecimento das células NK, a produção de citocinas e a citotoxicidade, enquanto o miR-

155 acaba por controlar a produção de citocinas, tal como foi hipotetizado em estudos anteriores que consideraram o miR-155 um regulador positivo do IFN-γ [307]. Além disso, uma vez que o TNF-α produzido pelas células NK induz apoptose nas células tumorais através da interação com os receptores de morte celular localizados nas células tumorais ou da imunomodulação das células imunitárias adaptativas [308], isto pode sugerir que o miR-155 aumenta a citotoxicidade das células NK através do TNF-α.

As células NK apresentaram fenótipos diferentes entre os doentes com CHC e os controlos saudáveis. Nesse sentido, o objetivo seguinte era determinar se o mesmo miRNA se comporta de forma semelhante em ambas as células ou se regula o destino das células de forma dependente do contexto. Uma vez que se provou que o miR-155 é um ativador das células NK humanas normais [268]. Por conseguinte, a expressão forçada do miR-615-5p em células NK de controlos saudáveis foi executada para esclarecer a questão. Os resultados revelaram, surpreendentemente, um efeito oposto no IGF-IR, que foi regulado positivamente juntamente com o seu mediador STAT3, em comparação com os doentes com CHC (Figura 27). Do mesmo modo, não foi observada qualquer alteração no mTOR, uma vez que as células NK dos doentes com CHC foram mimetizadas pelo miR-615-5p (Figura 27). Em adição a uma elevação significativa dos níveis de mRNA de NKG2D e perforinas, mas sem efeito sobre NKG2A e TNF- α (Figura 28). Este fenómeno foi semelhante à atividade da interação do miR-206 com um elemento de controlo da translação (TCE) no 3'-UTR do fator 4 semelhante a Kruppel (KLF4). O miR-206 suprimiu o TCE do KLF4 em células epiteliais mamárias humanas primárias em proliferação, mas este efeito supressor foi atenuado em células epiteliais mamárias cancerosas imortalizadas MCF10A, nas quais o miR-206 promoveu a expressão do KLF4 e a atividade de repórter TCE [309]. Isto indica que o miR-615-5p pode regular de forma oposta o IGF-IR em células NK de controlos saudáveis e de doentes com CHC, ou de uma forma dependente do contexto celular.

Aprofundando ainda mais o rastreio, o miR-615-5p e o miR-155 revelaram uma expressão elevada no CHC em comparação com tecidos hepáticos saudáveis [142, 258]. Procurando o impacto de ambos os miRNAs no seu alvo a jusante nas células alvo Huh7, o miR-615-5p atenuou a expressão de IGF-IR, STAT3 e mTOR (Figura 30), em contraste com o miR-155 que mostrou uma indução significativa de IGF-IR, STAT3 e mTOR (Figura 32). Um relatório recente concluiu que os níveis de expressão de ULBP2 foram obviamente regulados positivamente nas células de CHC pelo bloqueio de STAT3, o que é favorável ao reconhecimento das células NK e à maior suscetibilidade do CHC à citólise das células NK[310, 311]. Por conseguinte, este estudo examinou o efeito do miR-615-5p elevado no ULBP2, que mostrou uma repressão acentuada, incomparável com o miR-155, que mostrou uma regulação ascendente do ULBP2 (Figura 33-34). Estes resultados contestaram os estudos anteriores que provaram uma relação inversa entre STAT3 e ULBP2, no entanto, podem ser interpretados por outro estudo que elucidou que as vias ERK ou AKT podem modular

NKG2DL (expressão de ULBP1/2/3)[312, 313].

Concluindo, IGF-1R, STAT3 foram regulados para baixo, no entanto, mTOR foi regulado para cima em NK de pacientes com CHC. Além disso, verificou-se que o nível de expressão de TNF-α e NKG2A foi suprimido, mas os níveis de NKG2D foram elevados e as perforinas não se alteraram entre os calibrados; células NK de pacientes com CHC Vs controlos saudáveis. Após a expressão ectópica do miR-615-5p em células NK de doentes com CHC, o IGF-1R e os seus mediadores a jusante, STAT3, foram suprimidos, o que contribuiu para a supressão da capacidade de reconhecimento das células NK (NKG2D e não NKG2A), da produção de citocinas (TNF-α) e dos grânulos citotóxicos (perforinas). Pelo contrário, o miR-155-5p, que é conhecido por ser um ativador das células NK, activou o eixo e a libertação de citocinas (TNF-α). Ao nível do controlo saudável, o miR-615-5p apresentou efeitos baseados no contexto celular, em que o IGF-1R e o STAT3 estavam elevados, juntamente com o NKG2D e as perforinas. Para completar o quadro, o miR-615-5p suprimiu o IGF-1R e os seus mediadores; STAT3 e mTOR, eventualmente ULBP2, enquanto o miR-155 mostrou um efeito oposto no mesmo eixo, aumentando ULBP2 nas linhas celulares Huh-7. Este estudo revelou funções específicas e contraditórias do miR-615-5p e do miR-155 ao visar o IGF-IR tanto nas células NK como nos seus hepatócitos alvo no CHC. Tendo em conta a complexidade das diferentes interações entre as células cancerígenas e as células imunitárias, uma melhor compreensão da forma como os miRNAs modulam as células NK e as suas células-alvo ajudaria a melhorar as actividades antitumorais das células NK e a extrapolar uma imunoterapia eficaz para o CHC .

Referências

1. Perz, J.F., G.L. Armstrong, L.A. Farrington, Y.J. Hutin, e B.P. Bell, *The contributions of hepatitis B virus and hepatitis C virus infections to cirrhosis and primary liver cancer worldwide.* J Hepatol, 2006. **45**(4): p. 529-38.
2. Parkin, D.M., F. Bray, J. Ferlay, e P. Pisani, *Global cancer statistics, 2002.* CA Cancer J Clin, 2005. **55**(2): p. 74-108.
3. cancro, I.a.f.r.o., 2012.
4. .
5. Lehman, E.M., A.S. Soliman, K. Ismail, A. Hablas, I.A. Seifeldin, M. Ramadan, H. El-Hamzawy, C.S. Shoushtari, e M.L. Wilson, *Patterns of hepatocellular carcinoma incidence in Egypt from a population-based cancer registry.* Hepatol Res, 2008. **38**(5): p. 465-73.
6. El-Serag, H.B. e K.L. Rudolph, *Hepatocellular carcinoma: epidemiology and molecular carcinogenesis.* Gastroenterology, 2007. **132**(7): p. 2557-76.
7. Fattovich, G., T. Stroffolini, I. Zagni, e F. Donato, *Hepatocellular carcinoma in cirrhosis: incidence and risk factors.* Gastroenterology, 2004. **127**(5 Suppl 1): p. S35-50.
8. Chen, C.J., H.I. Yang, e U.H. Iloeje, *Hepatitis B virus DNA levels and outcomes in chronic hepatitis B.* Hepatology, 2009. **49**(5 Suppl): p. S72-84.
9. Sheikh, M.Y., J. Choi, I. Qadri, J.E. Friedman, e A.J. Sanyal, *Hepatitis C virus infection: molecular pathways to metabolic syndrome.* Hepatology, 2008. **47**(6): p. 2127-33.
10. Tanaka, Y., F. Kurbanov, S. Mano, E. Orito, V. Vargas, J.I. Esteban, M.F. Yuen, C.L. Lai, A. Kramvis, M.C. Kew, H.E. Smuts, S.V. Netesov, H.J. Alter, and M. Mizokami, *Molecular tracing of the global hepatitis C virus epidemic predicts regional patterns of hepatocellular carcinoma mortality.* Gastroenterology, 2006. **130**(3): p. 703-14.
11. Donato, F., A. Tagger, U. Gelatti, G. Parrinello, P. Boffetta, A. Albertini, A. Decarli, P. Trevisi, M.L. Ribero, C. Martelli, S. Porru, e G. Nardi, *Alcohol and hepatocellular carcinoma: the effect of lifetime intake and hepatitis virus infections in men and women.* Am J Epidemiol, 2002. **155**(4): p. 323-31.
12. Mas, D.Y., C.L. Lai, e M.F. Yuen, *Natural history of hepatitis-related hepatocellular carcinoma.* World J Gastroenterol, 2008. **14**(11): p. 1652-6.
13. Szabo, E., C. Paska, P. Kaposi Novak, Z. Schaff, e A. Kiss, *Similarities and differences in hepatitis B and C virus induced hepatocarcinogenesis.* Pathol Oncol Res, 2004. **10**(1): p. 5-11.
14. el-Karaksy, H.M., N.M. el-Koofy, G.M. Anwar, F.M. el-Mougy, A. el- Hennawy, e M.E. Fahmy, *Predictors of non-alcoholic fatty liver disease in obese and overweight Egyptian children: single center study.* Saudi J Gastroenterol, 2011. **17**(1): p. 40-6.
15. Neuschwander-Tetri, B.A. e S.H. Caldwell, *Nonalcoholic steatohepatitis: summary of an AASLD Single Topic Conference.* Hepatology, 2003. **37**(5): p. 1202-19.
16. McKillop, I.H. e L.W. Schrum, *Role of alcohol in liver carcinogenesis (Papel do álcool na carcinogénese do fígado).* Semin Liver Dis, 2009. **29**(2): p. 222-32.
17. Jou, J., S.S. Choi, e A.M. Diehl, *Mechanisms of disease progression in nonalcoholic fatty liver disease.* Semin Liver Dis, 2008. **28**(4): p. 370-9.
18. Okuda, K., *Hepatocellular carcinoma.* J Hepatol, 2000. **32**(1 Suppl): p. 22537.
19. Minouchi, K., S. Kaneko, e K. Kobayashi, *Mutação do gene p53 em nódulos regenerativos no fígado cirrótico.* J Hepatol, 2002. **37**(2): p. 231-9.
20. Guo, J., X. Wang, H. Sun, H. Liu e X. Yao, *The molecular basis of IGF- II/IGF2R recognition: a combined molecular dynamics simulation, free-energy calculation and*

computational alanine scanning study. J Mol Model, 2012. **18**(4): p. 1421-30.
21. Whittaker, S., R. Marais, e A.X. Zhu, *O papel das vias de sinalização no desenvolvimento e tratamento do carcinoma hepatocelular.* Oncogene, 2010. **29**(36): p. 4989-5005.
22. Llovet, J.M. e J. Bruix, *Molecular targeted therapies in hepatocellular carcinoma.* Hepatology, 2008. **48**(4): p. 1312-27.
23. Schirmacher, P., W.A. Held, D. Yang, F.V. Chisari, Y. Rustum, e C.E. Rogler, *Reactivation of insulin-like growth fator II during hepatocarcinogenesis in transgenic mice suggests a role in malignant growth.* Cancer Res, 1992. **52**(9): p. 2549-56.
24. Kudo, M., *Signaling pathway/molecular targets and new targeted agents under development in hepatocellular carcinoma.* World J Gastroenterol, 2012. **18**(42): p. 6005-17.
25. Feitelson, M.A., J. Pan, e Z. Lian, *Early molecular and genetic determinants of primary liver malignancy.* Surg Clin North Am, 2004. **84**(2): p. 339-54.
26. Marshman, E. e C.H. Streuli, *Insulin-like growth factors and insulin-like growth fator binding proteins in mammary gland function.* Breast Cancer Res, 2002. **4**(6): p. 231-9.
27. Scharf, J.G., F. Dombrowski, e G. Ramadori, *The IGF axis and hepatocarcinogenesis.* Mol Pathol, 2001. **54**(3): p. 138-44.
28. Yakar, S., J.L. Liu, B. Stannard, A. Butler, D. Accili, B. Sauer, e D. LeRoith, *Normal growth and development in the absence of hepatic insulinlike growth fator I.* Proc Natl Acad Sci U S A, 1999. **96**(13): p. 7324-9.
29. Ohlsson, C., S. Mohan, K. Sjogren, A. Tivesten, J. Isgaard, O. Isaksson, J.O. Jansson, e J. Svensson, *The role of liver-derived insulin-like growth fator-I.* Endocr Rev, 2009. **30**(5): p. 494-535.
30. Cohick, W.S. e D.R. Clemmons, *The insulin-like growth factors.* Annu Rev Physiol, 1993. **55**: p. 131-53.
31. Riedemann, J. e V.M. Macaulay, *IGF1R signalling and its inhibition.* Endocr Relat Cancer, 2006. **13 Suppl 1**: p. S33-43.
32. Pollak, M.N., E.S. Schernhammer, e S.E. Hankinson, *Insulin-like growth factors and neoplasia.* Nat Rev Cancer, 2004. **4**(7): p. 505-18.
33. Manning, B.D. e L.C. Cantley, *AKT/PKB signaling: navigating downstream.* Cell, 2007. **129**(7): p. 1261-74.
34. Vigneri, P., F. Frasca, L. Sciacca, G. Pandini, e R. Vigneri, *Diabetes and cancer.* Endocr Relat Cancer, 2009. **16**(4): p. 1103-23.
35. Yadav, A., A. Kalita, S. Dhillon e K. Banerjee, *a via JAK/STAT3 está envolvida na sobrevivência dos neurónios em resposta ao fator de crescimento semelhante à insulina e é regulada negativamente pelo supressor da sinalização de citocinas-3.* J Biol Chem, 2005. **280**(36): p. 31830-40.
36. Killian, J.K. e R.L. Jirtle, Genomic *structure of the human M6P/IGF2 recetor.* Mamm Genome, 1999. **10**(1): p. 74-7.
37. Xu, Y., C.G. Goodyer, C. Deal, e C. Polychronakos, *Functional polymorphism in the parental imprinting of the human IGF2R gene.* Biochem Biophys Res Commun, 1993. **197**(2): p. 747-54.
38. Kalscheuer, V.M., E.C. Mariman, M.T. Schepens, H. Rehder, and H.H. Ropers, *The insulin-like growth fator type-2 recetor gene is imprinted in the mouse but not in humans.* Nat Genet, 1993. **5**(1): p. 74-8.
39. Gary-Bobo, M., P. Nirde, A. Jeanjean, A. Morere, e M. Garcia, *Mannose 6- phosphate recetor targeting and its applications in human diseases.* Curr Med Chem, 2007. **14**(28): p. 2945-53.

40. Espelund, U., J.M. Bruun, B. Richelsen, A. Flyvbjerg, e J. Frystyk, *Pro- and mature IGF-II during diet-induced weight loss in obese subjects.* Eur J Endocrinol, 2005. **153**(6): p. 861-9.
41. Braulke, T., *Type-2 IGF recetor: a multi-ligand binding protein.* Horm Metab Res, 1999. **31**(2-3): p. 242-6.
42. Costello, M., R.C. Baxter, e C.D. Scott, *Regulation of soluble insulin-like growth fator II/mannose 6-phosphate recetor in human serum: measurement by enzyme-linked immunosorbent assay.* J Clin Endocrinol Metab, 1999. **84**(2): p. 611-7.
43. Mills, J.J., J.G. Falls, A.T. De Souza, e R.L. Jirtle, *Imprinted M6p/Igf2 recetor is mutated in rat liver tumors.* Oncogene, 1998. **16**(21): p. 2797-802.
44. De Souza, A.T., G.R. Hankins, M.K. Washington, T.C. Orton, and R.L. Jirtle, *M6P/IGF2R gene is mutated in human hepatocellular carcinomas with loss of heterozygosity.* Nat Genet, 1995. **11**(4): p. 447-9.
45. De Souza, A.T., G.R. Hankins, M.K. Washington, R.L. Fine, T.C. Orton, and R.L. Jirtle, *Frequent loss of heterozygosity on 6q at the mannose 6- phosphate/insulin-like growth fator II recetor locus in human hepatocellular tumors.* Oncogene, 1995. **10**(9): p. 1725-9.
46. Siddle, K., B. Urso, C.A. Niesler, D.L. Cope, L. Molina, K.H. Surinya, e M.A. Soos, *Specificity in ligand binding and intracellular signalling by insulin and insulin-like growth fator receptors.* Biochem Soc Trans, 2001. **29**(Pt 4): p. 513-25.
47. Rosenfeld, R.G., G. Lamson, H. Pham, Y. Oh, C. Conover, D.D. De Leon, S.M. Donovan, I. Ocrant, e L. Giudice, *Insulinlike growth fator-binding proteins.* Recent Prog Horm Res, 1990. **46**: p. 99-159; discussão 159-63.
48. Mohan, S. e D.J. Baylink, *IGF-binding proteins are multifunctional and act via IGF-dependent and -independent mechanisms.* J Endocrinol, 2002. **175**(1): p. 19-31.
49. Yu, H. e T. Rohan, *Role of the insulin-like growth fator family in cancer development and progression.* J Natl Cancer Inst, 2000. **92**(18): p. 1472-89.
50. Sullivan, D.B., J.T. Cassidy, e R.E. Petty, *Pathogenic implications of age of onset in juvenile rheumatoid arthritis.* Arthritis Rheum, 1975. **18**(3): p. 251-5.
51. Wu, J. e A.X. Zhu, *Targeting insulin-like growth fator axis in hepatocellular carcinoma.* J Hematol Oncol, 2011. **4**: p. 30.
52. Baxter, R.C., *Insulin-like growth fator (IGF)-binding proteins: interactions with IGFs and intrinsic bioactivities.* Am J Physiol Endocrinol Metab, 2000. **278**(6): p. E967-76.
53. Lelbach, A., G. Muzes, e J. Feher, *The insulin-like growth fator system: IGFs, IGF-binding proteins and IGFBP-proteases.* Ata Physiol Hung, 2005. **92**(2): p. 97-107.
54. Clemmons, D.R., *Role of insulin-like growth fator binding proteins in controlling IGF actions.* Mol Cell Endocrinol, 1998. **140**(1-2): p. 19-24.
55. Jones, J.I., A.J. D'Ercole, C. Camacho-Hubner, e D.R. Clemmons, *Phosphorylation of insulin-like growth fator (IGF)-binding protein 1 in cell culture and in vivo: effects on affinity for IGF-I.* Proc Natl Acad Sci U S A, 1991. **88**(17): p. 7481-5.
56. Arai, T., W. Busby, Jr., e D.R. Clemmons, *Binding of insulin-like growth fator (IGF) I or II to IGF-binding protein-2 enables it to bind to heparin and extracellular matrix.* Endocrinology, 1996. **137**(11): p. 4571-5.
57. Bell, J.L., K. Wachter, B. Muhleck, N. Pazaitis, M. Kohn, M. Lederer, e S. Huttelmaier, *Insulin-like growth fator 2 mRNA-binding proteins (IGF2BPs): post-transcriptional drivers of cancer progression?* Cell Mol Life Sci, 2013. **70**(15): p. 2657-75.
58. Alberini, C.M. e D.Y. Chen, *Memory enhancement: consolidation, reconsolidation and insulin-like growth fator 2.* Trends Neurosci, 2012. **35**(5): p. 274-83.

59. Su, T.S., W.Y. Liu, S.H. Han, M. Jansen, T.L. Yang-Fen, K. P'Eng F, e C.K. Chou, *Transcripts of the insulin-like growth factors I and II in human hepatoma.* Cancer Res, 1989. **49**(7): p. 1773-7.
60. Fernandez-Rodriguez, C.M., I. Prada, A. Andrade, M. Moreiras, R. Guitian, R. Aller, J.L. Lledo, G. Cacho, J. Quiroga, e J. Prieto, *Disturbed synthesis of insulinlike growth fator I and its binding proteins may influence renal function changes in liver cirrhosis.* Dig Dis Sci, 2001. **46**(6): p. 1313-20.
61. Lund, P., D. Schubert, F. Niketeghad e P. Schirmacher, *Autocrine inhibition of chemotherapy response in human liver tumor cells by insulin-like growth fator-II.* Cancer Lett, 2004. **206**(1): p. 85-96.
62. Yao, X., J.F. Hu, M. Daniels, H. Shiran, X. Zhou, H. Yan, H. Lu, Z. Zeng, Q. Wang, T. Li, e A.R. Hoffman, *A methylated oligonucleotide inhibits IGF2 expression and enhances survival in a model of hepatocellular carcinoma.* J Clin Invest, 2003. **111**(2): p. 265-73.
63. Qian, J., D. Yao, Z. Dong, W. Wu, L. Qiu, N. Yao, S. Li, Y. Bian, Z. Wang e G. Shi, *Characteristics of hepatic igf-ii expression and monitored levels of circulating igf-ii mRNA in metastasis of hepatocellular carcinoma.* Am J Clin Pathol, 2010. **134**(5): p. 799-806.
64. Dong, Z.Z., D.F. Yao, D.B. Yao, X.H. Wu, W. Wu, L.W. Qiu, D.R. Jiang, J.H. Zhu, e X.Y. Meng, *Expression and alteration of insulin-like growth fator II-messenger RNA in hepatoma tissues and peripheral blood of patients with hepatocellular carcinoma.* World J Gastroenterol, 2005. **11**(30): p. 4655-60.
65. Martin, D.C., J.L. Fowlkes, B. Babic, e R. Khokha, *Insulin-like growth fator II signaling in neoplastic proliferation is blocked by transgenic expression of the metalloproteinase inhibitor TIMP-1.* J Cell Biol, 1999. **146**(4): p. 881-92.
66. Baserga, R., *The insulin-like growth fator I recetor: a key to tumor growth?* Cancer Res, 1995. **55**(2): p. 249-52.
67. Kasprzak, A. e A. Adamek, *O eixo de sinalização do fator de crescimento semelhante à insulina (IGF) e a carcinogénese associada ao vírus da hepatite C (revisão).* Int J Oncol, 2012. **41**(6): p. 1919-31.
68. Aleem, E., D. Nehrbass, F. Klimek, D. Mayer, e P. Bannasch, *Upregulation of the insulin recetor and type I insulin-like growth fator recetor are early events in hepatocarcinogenesis.* Toxicol Pathol, 2011. **39**(3): p. 524-43.
69. Faivre, S., M. Bouattour, e E. Raymond, *Novel molecular therapies in hepatocellular carcinoma.* Liver Int, 2011. **31 Suppl 1**: p. 151-60.
70. Tanaka, S. e J.R. Wands, *Insulin recetor substrate 1 overexpression in human hepatocellular carcinoma cells prevents transforming growth fator beta1-induced apoptosis.* Cancer Res, 1996. **56**(15): p. 3391-4.
71. Martin-Kleiner, I. e K. Gall Troselj, *Mannose-6-phosphate/insulin-like growth fator 2 recetor (M6P/IGF2R) in carcinogenesis.* Cancer Lett, 2010. **289**(1): p. 11-22.
72. Sue, S.R., R.S. Chari, F.M. Kong, J.J. Mills, R.L. Fine, R.L. Jirtle, e W.C. Meyers, *Transforming growth fator-beta receptors and mannose 6- phosphate/insulin-like growth fator-II recetor expression in human hepatocellular carcinoma.* Ann Surg, 1995. **222**(2): p. 171-8.
73. Pollak, M., *Insulin and insulin-like growth fator signalling in neoplasia.* Nat Rev Cancer, 2008. **8**(12): p. 915-28.
74. Probst, O.C., V. Puxbaum, B. Svoboda, V. Leksa, H. Stockinger, M. Mikula, W. Mikulits e L. Mach, *The mannose 6-phosphate/insulin-like growth fator II recetor restricts the*

tumorrigenicity and invasiveness of squamous cell carcinoma cells. Int J Cancer, 2009. **124**(11): p. 2559-67.

75. Souza, R.F., S. Wang, M. Thakar, K.N. Smolinski, J. Yin, T.T. Zou, D. Kong, J.M. Abraham, J.A. Toretsky, e S.J. Meltzer, *Expression of the wild-type insulin-like growth fator II recetor gene suppresses growth and causes death in colorectal carcinoma cells.* Oncogene, 1999. **18**(28): p. 4063-8.
76. Alexia, C., G. Fallot, M. Lasfer, G. Schweizer-Groyer e A. Groyer, *An evaluation of the role of insulin-like growth factors (IGF) and of type-I IGF recetor signalling in hepatocarcinogenesis and in the resistance of hepatocarcinoma cells against drug-induced apoptosis.* Biochem Pharmacol, 2004. **68**(6): p. 1003-15.
77. Li, F., Y.C. Fan, S. Gao, F.K. Sun, Y. Yang, e K. Wang, *Metilação do promotor da proteína 7 de ligação ao fator de crescimento semelhante à insulina no soro no carcinoma hepatocelular associado ao vírus da hepatite B.* Genes Chromosomes Cancer, 2014. **53**(1): p. 90-7.
78. Hanafusa, T., Y. Yumoto, K. Nouso, H. Nakatsukasa, T. Onishi, T. Fujikawa, M. Taniyama, S. Nakamura, M. Uemura, Y. Takuma, E. Yumoto, T. Higashi e T. Tsuji, *Reduced expression of insulin-like growth fator binding protein- 3 and its promoter hypermethylation in human hepatocellular carcinoma.* Cancer Lett, 2002. **176**(2): p. 149-58.
79. Chen, D., B.K. Yoo, P.K. Santhekadur, R. Gredler, S.K. Bhutia, S.K. Das, C. Fuller, Z.Z. Su, P.B. Fisher, e D. Sarkar, *Insulin-like growth fator-binding protein-7 functions as a potential tumor suppressor in hepatocellular carcinoma.* Clin Cancer Res, 2011. **17**(21): p. 6693-701.
80. Ranke, M.B., K.P. Maier, R. Schweizer, B. Stadler, S. Schleicher, M.W. Elmlinger, e B. Flehmig, *Pilot study of elevated levels of insulin-like growth fator-binding protein-2 as indicators of hepatocellular carcinoma.* Horm Res, 2003. **60**(4): p. 174-80.
81. Brouillet, J.P., B. Hanslick, T. Maudelonde, M.T. Pivat, J. Grenier, F. Blanc, and H. Rochefort, *Increased plasma cathepsin D concentration in hepatic carcinoma and cirrhosis but not in breast cancer.* Clin Biochem, 1991. **24**(6): p. 491-6.
82. El Tayebi, H.M., W. Salah, I.H. El Sayed, E.M. Salam, A.R. Zekri, N. Zayed, E.S. Salem, G. Esmat, e A.I. Abdelaziz, *Expression of insulin-like growth fator-II, matrix metalloproteinases, and their tissue inhibitors as predictive markers in the peripheral blood of HCC patients.* Biomarkers, 2011. **16**(4): p. 346-54.
83. Bartel, D.P., *MicroRNAs: reconhecimento de alvos e funções reguladoras.* Cell, 2009. **136**(2): p. 215-33.
84. Bartel, D.P., *MicroRNAs: genomics, biogenesis, mechanism, and function.* Cell, 2004. **116**(2): p. 281-97.
85. Cai, Y., X. Yu, S. Hu e J. Yu, *Uma breve revisão dos mecanismos de regulação do miRNA.* Genómica Proteómica Bioinformática, 2009. **7**(4): p. 147-54.
86. Reinhart, B.J., F.J. Slack, M. Basson, A.E. Pasquinelli, J.C. Bettinger, A.E. Rougvie, H.R. Horvitz e G. Ruvkun, *The 21-nucleotide let-7 RNA regulates developmental timing in Caenorhabditis elegans.* Nature, 2000. **403**(6772): p. 901-6.
87. Lee, R.C., R.L. Feinbaum, and V. Ambros, *The C. elegans heterochronic gene lin-4 encodes small RNAs with antisense complementarity to lin-14.* Cell, 1993. **75**(5): p. 843-54.
88. Kozomara, A. e S. Griffiths-Jones, *miRBase: integração da anotação de microRNA e de dados de sequenciação profunda.* Nucleic Acids Res, 2011. **39**(Database issue): p. D152-7.

89. Kim, V.N. e J.W. Nam, *Genomics of microRNA.* Trends Genet, 2006. **22**(3): p. 165-73.
90. Ying, S.Y. e S.L. Lin, *Current perspectives in intronic micro RNAs (miRNAs).* J Biomed Sci, 2006. **13**(1): p. 5-15.
91. Rodriguez, A., S. Griffiths-Jones, J.L. Ashurst, e A. Bradley, *Identification of mammalian microRNA host genes and transcription units.* Genome Res, 2004. **14**(10A): p. 1902-10.
92. Kim, V.N., J. Han, e M.C. Siomi, *Biogenesis of small RNAs in animals.* Nat Rev Mol Cell Biol, 2009. **10**(2): p. 126-39.
93. Kim, V.N., *MicroRNA biogenesis: coordinated cropping and dicing.* Nat Rev Mol Cell Biol, 2005. **6**(5): p. 376-85.
94. Kim, V.N., *MicroRNA precursors in motion: exportin-5 mediates their nuclear export.* Trends Cell Biol, 2004. **14**(4): p. 156-9.
95. Lee, Y., K. Jeon, J.T. Lee, S. Kim e V.N. Kim, *MicroRNA maturation: stepwise processing and subcellular localization.* EMBO J, 2002. **21**(17): p. 4663-70.
96. Lee, Y., M. Kim, J. Han, K.H. Yeom, S. Lee, S.H. Baek, e V.N. Kim, *MicroRNA genes are transcribed by RNA polymerase II.* EMBO J, 2004. **23**(20): p. 4051-60.
97. Yeom, K.H., Y. Lee, J. Han, M.R. Suh, e V.N. Kim, *Characterization of DGCR8/Pasha, the essential cofator for Drosha in primary miRNA processing.* Nucleic Acids Res, 2006. **34**(16): p. 4622-9.
98. Han, J., Y. Lee, K.H. Yeom, Y.K. Kim, H. Jin, e V.N. Kim, *The Drosha- DGCR8 complex in primary microRNA processing.* Genes Dev, 2004. **18**(24): p. 3016-27.
99. Gregory, R.I., K.P. Yan, G. Amuthan, T. Chendrimada, B. Doratotaj, N. Cooch, e R. Shiekhattar, *The Microprocessor complex mediates the genesis of microRNAs.* Nature, 2004. **432**(7014): p. 235-40.
100. Lee, Y., I. Hur, S.Y. Park, Y.K. Kim, M.R. Suh, e V.N. Kim, *The role of PACT in the RNA silencing pathway.* EMBO J, 2006. **25**(3): p. 522-32.
101. Chendrimada, T.P., R.I. Gregory, E. Kumaraswamy, J. Norman, N. Cooch, K. Nishikura, e R. Shiekhattar, *TRBP recruits the Dicer complex to Ago2 for microRNA processing and gene silencing.* Nature, 2005. **436**(7051): p. 740-4.
102. Ketting, R.F., S.E. Fischer, E. Bernstein, T. Sijen, G.J. Hannon, e R.H. Plasterk, *Dicer functions in RNA interference and in synthesis of small RNA involved in developmental timing in C. elegans.* Genes Dev, 2001. **15**(20): p. 2654-9.
103. Hamburger, R.N., *Peptide inhibition of the Prausnitz-Kustner reaction (Inibição peptídica da reação de Prausnitz-Kustner).* Science, 1975. **189**(4200): p. 389-90.
104. Khvorova, A., A. Reynolds, e S.D. Jayasena, *Functional siRNAs and miRNAs exhibit strand bias.* Cell, 2003. **115**(2): p. 209-16.
105. Schwarz, D.S., G. Hutvagner, T. Du, Z. Xu, N. Aronin, e P.D. Zamore, *Asymmetry in the assembly of the RNAi enzyme complex.* Cell, 2003. **115**(2): p. 199-208.
106. Bhayani, M.K., G.A. Calin, and S.Y. Lai, *Functional relevance of miRNA sequences in human disease.* Mutat Res, 2012. **731**(1-2): p. 14-9.
107. Djuranovic, S., A. Nahvi e R. Green, *A parsimonious model for gene regulation by miRNAs.* Science, 2011. **331**(6017): p. 550-3.
108. Shukla, G.C., J. Singh e S. Barik, *MicroRNAs: Processing, Maturation, Target Recognition and Regulatory Functions.* Mol Cell Pharmacol, 2011. **3**(3): p. 83-92.
109. Da Sacco, L. e A. Masotti, *Recent Insights and Novel Bioinformatics Tools to Understand the Role of MicroRNAs Binding to 5' Untranslated Region.* Int J Mol Sci, 2012. **14**(1): p. 480-95.
110. Vasudevan, S., *Posttranscriptional upregulation by microRNAs.* Wiley Interdiscip Rev

RNA, 2012. **3**(3): p. 311-30.
111. Forman, J.J. e H.A. Coller, *The code within the code: microRNAs targeting coding regions.* Cell Cycle, 2010. **9**(8): p. 1533-41.
112. Place, R.F., L.C. Li, D. Pookot, E.J. Noonan, e R. Dahiya, *MicroRNA-373 induz a expressão de genes com sequências promotoras complementares.* Proc Natl Acad Sci U S A, 2008. **105**(5): p. 1608-13.
113. Vasudevan, S., Y. Tong, e J.A. Steitz, *Switching from repression to activation: microRNAs can up-regulate translation.* Science, 2007. **318**(5858): p. 1931-4.
114. Di Leva, G., M. Garofalo, e C.M. Croce, *MicroRNAs in cancer.* Annu Rev Pathol, 2014. **9**: p. 287-314.
115. Ling, H., M. Fabbri, and G.A. Calin, *MicroRNAs and other non-coding RNAs as targets for anticancer drug development.* Nat Rev Drug Discov, 2013. **12**(11): p. 847-65.
116. Langlands, M., *Comunidade. Dying with care. Care study.* Nurs Times, 1991. **87**(7): p. 36-8.
117. Sharma, A.D., N. Narain, E.M. Handel, M. Iken, N. Singhal, T. Cathomen, M.P. Manns, H.R. Scholer, M. Ott, e T. Cantz, *MicroRNA-221 regulates FAS-induced fulminant liver failure.* Hepatology, 2011. **53**(5): p. 1651-61.
118. Gramantieri, L., F. Fornari, M. Ferracin, A. Veronese, S. Sabbioni, G.A. Calin, G.L. Grazi, C.M. Croce, L. Bolondi, e M. Negrini, *MicroRNA-221 targets Bmf in hepatocellular carcinoma and correlates with tumor multifocality.* Clin Cancer Res, 2009. **15**(16): p. 5073-81.
119. El Tayebi, H.M., K. Omar, S. Hegy, M. El Maghrabi, M. El Brolosy, K.A. Hosny, G. Esmat, e A.I. Abdelaziz, *Repressão do miR-17-5p com expressão elevada de E2F-1 e c-MYC no carcinoma hepatocelular não-metastático e aumento do crescimento celular ao inverter este padrão de expressão.* Biochem Biophys Res Commun, 2013. **434**(3): p. 421-7.
120. Li, Y., W. Tan, T.W. Neo, M.O. Aung, S. Wasser, S.G. Lim, e T.M. Tan, *Role of the miR-106b-25 microRNA cluster in hepatocellular carcinoma.* Cancer Sci, 2009. **100**(7): p. 1234-42.
121. Yuan, K., Z. Lian, B. Sun, M.M. Clayton, I.O. Ng, e M.A. Feitelson, *Role of miR-148a in hepatitis B associated hepatocellular carcinoma.* PLoS One, 2012. **7**(4): p. e35331.
122. Kong, G., J. Zhang, S. Zhang, C. Shan, L. Ye, e X. Zhang, *Upregulated microRNA-29a by hepatitis B virus X protein enhances hepatoma cell migration by targeting PTEN in cell culture model.* PLoS One, 2011. **6**(5): p. e19518.
123. Garofalo, M., G. Di Leva, G. Romano, G. Nuovo, S.S. Suh, A. Ngankeu, C. Taccioli, F. Pichiorri, H. Alder, P. Secchiero, P. Gasparini, A. Gonelli, S. Costinean, M. Acunzo, G. Condorelli, e C.M. Croce, *miR-221&222 regulam a resistência ao TRAIL e aumentam a tumorigenicidade através da regulação negativa de PTEN e TIMP3.* Cancer Cell, 2009. **16**(6): p. 498-509.
124. Meng, F., R. Henson, H. Wehbe-Janek, K. Ghoshal, S.T. Jacob, e T. Patel, *MicroRNA-21 regula a expressão do gene supressor de tumor PTEN no cancro hepatocelular humano.* Gastroenterology, 2007. **133**(2): p. 647-58.
125. Shimizu, S., T. Takehara, H. Hikita, T. Kodama, T. Miyagi, A. Hosui, T. Tatsumi, H. Ishida, T. Noda, H. Nagano, Y. Doki, M. Mori e N. Hayashi, *The let-7 family of microRNAs inhibits Bcl-xL expression and potentiates sorafenib-induced apoptosis in human hepatocellular carcinoma.* J Hepatol, 2010. **52**(5): p. 698-704.
126. Lan, F.F., H. Wang, Y.C. Chen, C.Y. Chan, S.S. Ng, K. Li, D. Xie, M.L. He, M.C. Lin, e H.F. Kung, *Hsa-let-7g inibe a proliferação de células de carcinoma hepatocelular*

através da regulação negativa de c-Myc e da regulação positiva de p16(INK4A). Int J Cancer, 2011. **128**(2): p. 319-31.

127. Xu, J., X. Zhu, L. Wu, R. Yang, Z. Yang, Q. Wang, e F. Wu, *MicroRNA- 122 suprime a proliferação celular e induz a apoptose celular no carcinoma hepatocelular, visando diretamente a via Wnt/beta-catenina.* Liver Int, 2012. **32**(5): p. 752-60.
128. Tsai, W.C., P.W. Hsu, T.C. Lai, G.Y. Chau, C.W. Lin, C.M. Chen, C.D. Lin, Y.L. Liao, J.L. Wang, Y.P. Chau, M.T. Hsu, M. Hsiao, H.D. Huang, e A.P. Tsou, *MicroRNA-122, um microRNA supressor de tumor que regula a metástase intra-hepática do carcinoma hepatocelular.* Hepatology, 2009. **49**(5): p. 1571-82.
129. Lagos-Quintana, M., R. Rauhut, A. Yalcin, J. Meyer, W. Lendeckel, e T. Tuschl, *Identification of tissue-specific microRNAs from mouse.* Curr Biol, 2002. **12**(9): p. 735-9.
130. Yan, L.X., X.F. Huang, Q. Shao, M.Y. Huang, L. Deng, Q.L. Wu, Y.X. Zeng, e J.Y. Shao, *MicroRNA miR-21 overexpression in human breast cancer is associated with advanced clinical stage, lymph node metastasis and patient poor prognosis.* RNA, 2008. **14**(11): p. 2348-60.
131. Wang, X., S. Tang, S.Y. Le, R. Lu, J.S. Rader, C. Meyers, e Z.M. Zheng, *Aberrant expression of oncogenic and tumor-suppressive microRNAs in cervical cancer is required for cancer cell growth.* PLoS One, 2008. **3**(7): p. e2557.
132. Nikiforova, M.N., G.C. Tseng, D. Steward, D. Diorio, e Y.E. Nikiforov, *MicroRNA expression profiling of thyroid tumors: biological significance and diagnostic utility.* J Clin Endocrinol Metab, 2008. **93**(5): p. 1600-8.
133. Jay, C., J. Nemunaitis, P. Chen, P. Fulgham, e A.W. Tong, *miRNA profiling for diagnosis and prognosis of human cancer.* DNA Cell Biol, 2007. **26**(5): p. 293-300.
134. Szafranska, A.E., T.S. Davison, J. John, T. Cannon, B. Sipos, A. Maghnouj, E. Labourier, e S.A. Hahn, *MicroRNA expression alterations are linked to tumorigenesis and non-neoplastic processes in pancreatic ductal adenocarcinoma.* Oncogene, 2007. **26**(30): p. 4442-52.
135. Lee, E.J., Y. Gusev, J. Jiang, G.J. Nuovo, M.R. Lerner, W.L. Frankel, D.L. Morgan, R.G. Postier, D.J. Brackett, e T.D. Schmittgen, *Expression profiling identifies microRNA signature in pancreatic cancer.* Int J Cancer, 2007. **120**(5): p. 1046-54.
136. Yanaihara, N., N. Caplen, E. Bowman, M. Seike, K. Kumamoto, M. Yi, R.M. Stephens, A. Okamoto, J. Yokota, T. Tanaka, G.A. Calin, C.G. Liu, C.M. Croce, e C.C. Harris, *Unique microRNA molecular profiles in lung cancer diagnosis and prognosis.* Cancer Cell, 2006. **9**(3): p. 189-98.
137. Volinia, S., G.A. Calin, C.G. Liu, S. Ambs, A. Cimmino, F. Petrocca, R. Visone, M. Iorio, C. Roldo, M. Ferracin, R.L. Prueitt, N. Yanaihara, G. Lanza, A. Scarpa, A. Vecchione, M. Negrini, C.C. Harris, e C.M. Croce, *A microRNA expression signature of human solid tumors defines cancer gene targets.* Proc Natl Acad Sci U S A, 2006. **103**(7): p. 2257-61.
138. Iorio, M.V., M. Ferracin, C.G. Liu, A. Veronese, R. Spizzo, S. Sabbioni, E. Magri, M. Pedriali, M. Fabbri, M. Campiglio, S. Menard, J.P. Palazzo, A. Rosenberg, P. Musiani, S. Volinia, I. Nenci, G.A. Calin, P. Querzoli, M. Negrini, e C.M. Croce, *MicroRNA gene expression deregulation in human breast cancer.* Cancer Res, 2005. **65**(16): p. 7065-70.
139. Ovcharenko, D., K. Kelnar, C. Johnson, N. Leng, e D. Brown, *Genomescale microRNA and small interfering RNA screens identify small RNA modulators of TRAIL-induced apoptosis pathway.* Cancer Res, 2007. **67**(22): p. 10782-8.

140. Gironella, M., M. Seux, M.J. Xie, C. Cano, R. Tomasini, J. Gommeaux, S. Garcia, J. Nowak, M.L. Yeung, K.T. Jeang, A. Chaix, L. Fazli, Y. Motoo, Q. Wang, P. Rocchi, A. Russo, M. Gleave, J.C. Dagorn, J.L. Iovanna, A. Carrier, M.J. Pebusque, e N.J. Dusetti, *A expressão da proteína nuclear 1 induzida pela proteína tumoral 53 é reprimida pelo miR-155, e a sua restauração inibe o desenvolvimento do tumor pancreático.* Proc Natl Acad Sci U S A, 2007. **104**(41): p. 16170-5.

141. Zhang, Y., W. Wei, N. Cheng, K. Wang, B. Li, X. Jiang, e S. Sun, *Hepatitis C virus-induced up-regulation of microRNA-155 promotes hepatocarcinogenesis by activating Wnt signaling.* Hepatologia, 2012. **56**(5): p. 1631-40. .

142. H.M., E.T., *Transcriptional activation of IGF-II/IGF-1R axis and inhibition of IGFBP-3 by miR-155 in hepatocellular carcinoma.* 2014.

143. Han, Z.B., H.Y. Chen, J.W. Fan, J.Y. Wu, H.M. Tang, and Z.H. Peng, *Upregulation of microRNA-155 promotes cancer cell invasion and predicts poor survival of hepatocellular carcinoma following liver transplantation.* J Cancer Res Clin Oncol, 2012. **138**(1): p. 153-61.

144. Yan, X.L., Y.L. Jia, L. Chen, Q. Zeng, J.N. Zhou, C.J. Fu, H.X. Chen, H.F. Yuan, Z.W. Li, L. Shi, Y.C. Xu, J.X. Wang, X.M. Zhang, L.J. He, C. Zhai, W. Yue, e X.T. Pei, *as células estaminais mesenquimais associadas ao carcinoma hepatocelular promovem a progressão do hepatocarcinoma: papel do eixo S100A4-miR155- SOCS1-MMP9.* Hepatology, 2013. **57**(6): p. 2274-86.

145. Xie, Q., X. Chen, F. Lu, T. Zhang, M. Hao, Y. Wang, J. Zhao, M.A. McCrae, e H. Zhuang, *Aberrant expression of microRNA 155 may accelerate cell proliferation by targeting sex-determining region Y box 6 in hepatocellular carcinoma.* Cancer, 2012. **118**(9): p. 2431-42.

146. Tili, E., C.M. Croce, e J.J. Michaille, *miR-155: on the crosstalk between inflammation and cancer.* Int Rev Immunol, 2009. **28**(5): p. 264-84.

147. Hulf, T., T. Sibbritt, E.D. Wiklund, S. Bert, D. Strbenac, A.L. Statham, M.D. Robinson, e S.J. Clark, *Discovery pipeline for epigenetically deregulated miRNAs in cancer: integration of primary miRNA transcription.* BMC Genomics, 2011. **12**: p. 54.

148. Yang, Y., L.L. Wang, Y.H. Li, X.N. Gao, Y. Liu e L. Yu, *Effect of CpG island methylation on microRNA expression in the k-562 cell line.* Biochem Genet, 2012. **50**(1-2): p. 122-34.

149. Gao, W., Y. Gu, Z. Li, H. Cai, Q. Peng, M. Tu, Y. Kondo, K. Shinjo, Y. Zhu, J. Zhang, Y. Sekido, B. Han, Z. Qian, e Y. Miao, *miR-615-5p é epigeneticamente inactivado e funciona como um supressor de tumor no adenocarcinoma ductal pancreático.* Oncogene, 2014. **0**.

150. Zhao, Z.G., J.Y. Jin, A.M. Zhang, L.P. Zhang, X.X. Wang, J.G. Sun, e Z.T. Chen, *MicroRNA profile of tumorigenic cells during carcinogenesis of lung adenocarcinoma.* J Cell Biochem, 2014.

151. El Tayebi, H.M., K.A. Hosny, G. Esmat, K. Breuhahn e A.I. Abdelaziz, *o miR-615-5p é expresso de forma restrita em tecidos hepáticos cirróticos e cancerosos e a sua sobreexpressão atenua os efeitos tumorigénicos no carcinoma hepatocelular.* FEBS Lett, 2012. **586**(19): p. 3309-16.

152. Scaggiante, B., M. Kazemi, G. Pozzato, B. Dapas, R. Farra, M. Grassi, F. Zanconati, e G. Grassi, *Novel hepatocellular carcinoma molecules with prognostic and therapeutic potentials.* World J Gastroenterol, 2014. **20**(5): p. 1268-88.

153. Llovet, J.M., S. Ricci, V. Mazzaferro, P. Hilgard, E. Gane, J.F. Blanc, A.C. de Oliveira, A. Santoro, J.L. Raoul, A. Forner, M. Schwartz, C. Porta, S. Zeuzem, L. Bolondi, T.F.

Greten, P.R. Galle, J.F. Seitz, I. Borbath, D. Haussinger, T. Giannaris, M. Shan, M. Moscovici, D. Voliotis, e J. Bruix, *Sorafenib in advanced hepatocellular carcinoma.* N Engl J Med, 2008. **359**(4): p. 378-90.

154. Miamen, A.G., H. Dong, e L.R. Roberts, *Immunotherapeutic approaches to hepatocellular carcinoma treatment (Abordagens imunoterapêuticas para o tratamento do carcinoma hepatocelular).* Liver Cancer, 2012. **1**(3-4): p. 226-37.
155. Greten, T.F., M.P. Manns, e F. Korangy, *Immunotherapy of hepatocellular carcinoma (Imunoterapia do carcinoma hepatocelular).* J Hepatol, 2006. **45**(6): p. 868-78.
156. Freud, A.G., B. Becknell, S. Roychowdhury, H.C. Mao, A.K. Ferketich, G.J. Nuovo, T.L. Hughes, T.B. Marburger, J. Sung, R.A. Baiocchi, M. Guimond e M.A. Caligiuri, *A human CD34(+) subset resides in lymph nodes and differentiates into CD56bright natural killer cells.* Immunity, 2005. **22**(3): p. 295-304.
157. Gregoire, C., L. Chasson, C. Luci, E. Tomasello, F. Geissmann, E. Vivier, e T. Walzer, *The trafficking of natural killer cells.* Immunol Rev, 2007. **220**: p. 169-82.
158. Smyth, M.J., Y. Hayakawa, K. Takeda, e H. Yagita, *New aspects of naturalkiller-cell surveillance and therapy of cancer.* Nat Rev Cancer, 2002. **2**(11): p. 850-61.
159. Jost, S. e M. Altfeld, *Control of human viral infections by natural killer cells.* Annu Rev Immunol, 2013. **31**: p. 163-94.
160. Watzl, C. e D. Urlaub, *Molecular mechanisms of natural killer cell regulation.* Front Biosci (Landmark Ed), 2012. **17**: p. 1418-32.
161. Vivier, E., E. Tomasello, M. Baratin, T. Walzer, e S. Ugolini, *Functions of natural killer cells.* Nat Immunol, 2008. **9**(5): p. 503-10.
162. Herberman, R.B., M.E. Nunn, H.T. Holden e D.H. Lavrin, *Natural cytotoxic reactivity of mouse lymphoid cells against syngeneic and allogeneic tumors. II. Caracterização das células efectoras.* Int J Cancer, 1975. **16**(2): p. 2309.
163. Herberman, R.B., M.E. Nunn e D.H. Lavrin, *Natural cytotoxic reactivity of mouse lymphoid cells against syngeneic acid allogeneic tumors. I. Distribuição da reatividade e especificidade.* Int J Cancer, 1975. **16**(2): p. 216-29.
164. Peter, H.H., J.R. Kalden, P. Seeland, V. Diehl, e G. Eckert, *Humoral and cellular immune reactions 'in vitro' against allogeneic and autologous human melanoma cells.* Clin Exp Immunol, 1975. **20**(2): p. 193-207.
165. Kiessling, R., E. Klein, e H. Wigzell, *"Natural" killer cells in the mouse. I. Células citotóxicas com especificidade para células de leucemia de Moloney do rato. Especificidade e distribuição de acordo com o genótipo.* Eur J Immunol, 1975. **5**(2): p. 112-7.
166. Kiessling, R., E. Klein, H. Pross, e H. Wigzell, *"Natural" killer cells in the mouse. II. Cytotoxic cells with specificity for mouse Moloney leukemia cells. Caraterísticas da célula assassina.* Eur J Immunol, 1975. **5**(2): p. 117-21.
167. Agaugue, S., E. Marcenaro, B. Ferranti, L. Moretta, and A. Moretta, *Human natural killer cells exposed to IL-2, IL-12, IL-18, or IL-4 differently modulate priming of naive T cells by monocyte-derived dendritic cells.* Blood, 2008. **112**(5): p. 1776-83.
168. Trinchieri, G., *Biology of natural killer cells.* Adv Immunol, 1989. **47**: p. 187376.
169. Paust, S., B. Senman, e U.H. von Andrian, *Adaptive immune responses mediated by natural killer cells.* Immunol Rev, 2010. **235**(1): p. 286-96.
170. Di Santo, J.P., *Natural killer cell developmental pathways: a question of balance.* Annu Rev Immunol, 2006. **24**: p. 257-86.
171. Orange, J.S. e Z.K. Ballas, *Natural killer cells in human health and disease.* Clin Immunol, 2006. **118**(1): p. 1-10.

172. Cooper, M.A., T.A. Fehniger, e M.A. Caligiuri, *The biology of human natural killer-cell subsets.* Trends Immunol, 2001. **22**(11): p. 633-40.
173. Farag, S.S. e M.A. Caligiuri, *Human natural killer cell development and biology.* Blood Rev, 2006. **20**(3): p. 123-37.
174. Nagler, A., L.L. Lanier, S. Cwirla e J.H. Phillips, *Comparative studies of human FcRIII-positive and negative natural killer cells.* J Immunol, 1989. **143**(10): p. 3183-91.
175. Jacobs, R., K. Weber, K. Wendt, H. Heiken, e R.E. Schmidt, *Altered coexpression of lectin-like receptors CD94 and CD161 on NK and T cells in HIV patients.* J Clin Immunol, 2004. **24**(3): p. 281-6.
176. Jacobs, R., G. Hintzen, A. Kemper, K. Beul, S. Kempf, G. Behrens, K.W. Sykora e R.E. Schmidt, *as células CD56bright diferem no seu repertório KIR e caraterísticas citotóxicas das células NK CD56dim.* Eur J Immunol, 2001. **31**(10): p. 3121-7.
177. Carson, W.E., T.A. Fehniger, and M.A. Caligiuri, *CD56bright natural killer cell subsets: characterization of distinct functional responses to interleukin-2 and the c-kit ligand.* Eur J Immunol, 1997. **27**(2): p. 354-60.
178. Farag, S.S., J.B. VanDeusen, T.A. Fehniger, e M.A. Caligiuri, *Biology and clinical impact of human natural killer cells.* Int J Hematol, 2003. **78**(1): p. 717.
179. Jacobs, R., M. Stoll, G. Stratmann, R. Leo, H. Link e R.E. Schmidt, *CD16- CD56+ natural killer cells after bone marrow transplantation.* Blood, 1992. **79**(12): p. 3239-44.
180. Hayakawa, Y., V. Screpanti, H. Yagita, A. Grandien, H.G. Ljunggren, M.J. Smyth e B.J. Chambers, *NK cell TRAIL elimina células dendríticas imaturas in vivo e limita a eficácia da vacinação com células dendríticas.* J Immunol, 2004. **172**(1): p. 123-9.
181. Moretta, A., *Natural killer cells and dendritic cells: rendezvous in abused tissues.* Nat Rev Immunol, 2002. **2**(12): p. 957-64.
182. Spaggiari, G.M., A. Capobianco, H. Abdelrazik, F. Becchetti, M.C. Mingari, e L. Moretta, *Mesenchymal stem cells inhibit natural killer-cell proliferation, cytotoxicity, and cytokine production: role of indoleamine 2,3- dioxygenase and prostaglandin E2.* Sangue, 2008. **111**(3): p. 1327-33.
183. Spaggiari, G.M., A. Capobianco, S. Becchetti, M.C. Mingari e L. Moretta, *Mesenchymal stem cell-natural killer cell interactions: evidence that activated NK cells are capable of killing MSCs, whereas MSCs can inhibit IL-2-induced NK-cell proliferation.* Blood, 2006. **107**(4): p. 1484-90.
184. Lanier, L.L., *Up on the tightrope: natural killer cell activation and inhibition.* Nat Immunol, 2008. **9**(5): p. 495-502.
185. Lee, S.H., T. Miyagi e C.A. Biron, *Keeping NK cells in highly regulated antiviral warfare.* Trends Immunol, 2007. **28**(6): p. 252-9.
186. Grund, E.M., D.D. Spyropoulos, D.K. Watson e R.C. Muise-Helmericks, *Interleukins 2 and 15 regulate Ets1 expression via ERK1/2 and MNK1 in human natural killer cells.* J Biol Chem, 2005. **280**(6): p. 4772-8.
187. Kovanen, P.E. e W.J. Leonard, *Cytokines and immunodeficiency diseases: critical roles of the gamma(c)-dependent cytokines interleukins 2, 4, 7, 9, 15, and 21, and their signaling pathways.* Immunol Rev, 2004. **202**: p. 67-83.
188. Yu, T.K., E.G. Caudell, C. Smid, e E.A. Grimm, *IL-2 activation of NK cells: involvement of MKK1/2/ERK but not p38 kinase pathway.* J Immunol, 2000. **164**(12): p. 6244-51.
189. Ma, A., R. Koka, e P. Burkett, *Diverse functions of IL-2, IL-15, and IL-7 in lymphoid homeostasis.* Annu Rev Immunol, 2006. **24**: p. 657-79.
190. Nandagopal, N., A.K. Ali, A.K. Komal e S.H. Lee, *O papel crítico da via IL-15-PI3K-*

mTOR nas funções efetoras das células assassinas naturais. Front Immunol, 2014. **5**: p. 187.

191. Yu, J., M. Wei, B. Becknell, R. Trotta, S. Liu, Z. Boyd, M.S. Jaung, B.W. Blaser, J. Sun, D.M. Benson, Jr., H. Mao, A. Yokohama, D. Bhatt, L. Shen, R. Davuluri, M. Weinstein, G. Marcucci e M.A. Caligiuri, H. Mao, A. Yokohama, D. Bhatt, L. Shen, R. Davuluri, M. Weinstein, G. Marcucci, e M.A. Caligiuri, *Pro- and antiinflammatory cytokine signaling: reciprocal antagonism regulates interferon-gamma production by human natural killer cells.* Immunity, 2006. **24**(5): p. 575-90.
192. Iannello, A., M.R. Boulassel, S. Samarani, O. Debbeche, C. Tremblay, E. Toma, J.P. Routy, e A. Ahmad, *Dynamics and consequences of IL-21 production in HIV-infected individuals: a longitudinal and cross-sectional study.* J Immunol, 2010. **184**(1): p. 114-26.
193. Zeng, R., R. Spolski, E. Casas, W. Zhu, D.E. Levy e W.J. Leonard, *The molecular basis of IL-21-mediated proliferation.* Blood, 2007. **109**(10): p. 4135-42.
194. Moretta, L., G. Pietra, E. Montaldo, P. Vacca, D. Pende, M. Falco, G. Del Zotto, F. Locatelli, A. Moretta, e M.C. Mingari, *Human NK cells: from surface receptors to the therapy of leukemias and solid tumors.* Front Immunol, 2014. **5**: p. 87.
195. Vivier, E., J.A. Nunes, e F. Vely, *Natural killer cell signaling pathways.* Science, 2004. **306**(5701): p. 1517-9.
196. Vivier, E., S. Ugolini, D. Blaise, C. Chabannon, e L. Brossay, *Targeting natural killer cells and natural killer T cells in cancer.* Nat Rev Immunol, 2012. **12**(4): p. 239-52.
197. Sivori, S., M. Vitale, L. Morelli, L. Sanseverino, R. Augugliaro, C. Bottino, L. Moretta e A. Moretta, *p46, uma nova molécula de superfície específica das células assassinas naturais que medeia a ativação celular.* J Exp Med, 1997. **186**(7): p. 1129-36.
198. Ritz, J., R.E. Schmidt, J. Michon, T. Hercend, e S.F. Schlossman, *Characterization of functional surface structures on human natural killer cells.* Adv Immunol, 1988. **42**: p. 181-211.
199. Parihar, R., J. Dierksheide, Y. Hu e W.E. Carson, *IL-12 melhora a resposta das citocinas das células assassinas naturais às células tumorais revestidas com Ab.* J Clin Invest, 2002. **110**(7): p. 983-92.
200. Lanier, L.L., *Face off - a interação entre receptores imunitários activadores e inibidores.* Curr Opin Immunol, 2001. **13**(3): p. 326-31.
201. Petrie, E.J., C.S. Clements, J. Lin, L.C. Sullivan, D. Johnson, T. Huyton, A. Heroux, H.L. Hoare, T. Beddoe, H.H. Reid, M.C. Wilce, A.G. Brooks, e J. Rossjohn, *CD94-NKG2A recognition of human leukocyte antigen (HLA)-E bound to an HLA class I leader sequence.* J Exp Med, 2008. **205**(3): p. 725-35.
202. Lee, N., M. Llano, M. Carretero, A. Ishitani, F. Navarro, M. Lopez-Botet, e D.E. Geraghty, *HLA-E is a major ligand for the natural killer inhibitory recetor CD94/NKG2A.* Proc Natl Acad Sci U S A, 1998. **95**(9): p. 5199-204.
203. Braud, V.M., D.S. Allan, C.A. O'Callaghan, K. Soderstrom, A. D'Andrea, G.S. Ogg, S. Lazetic, N.T. Young, J.I. Bell, J.H. Phillips, L.L. Lanier e A.J. McMichael, *HLA-E liga-se aos receptores de células assassinas naturais CD94/NKG2A, B e C.* Nature, 1998. **391**(6669): p. 795-9.
204. Flaig, R.M., S. Stark, e C. Watzl, *Cutting edge: NTB-A ativa as células NK através da interação homofílica.* J Immunol, 2004. **172**(11): p. 6524-7.
205. Shibuya, K., L.L. Lanier, J.H. Phillips, H.D. Ochs, K. Shimizu, E. Nakayama, H. Nakauchi, e A. Shibuya, *Physical and functional association of LFA-1 with DNAM-1 adhesion molecule.* Immunity, 1999. **11**(5): p. 615-23.

206. Ruggeri, L., A. Mancusi, M. Capanni, M.F. Martelli, e A. Velardi, *Exploitation of alloreactive NK cells in adoptive immunotherapy of cancer.* Curr Opin Immunol, 2005. **17**(2): p. 211-7.
207. Parham, P. e K.L. McQueen, *Alloreactive killer cells: hindrance and help for haematopoietic transplants.* Nat Rev Immunol, 2003. **3**(2): p. 108-22.
208. Ruggeri, L., M. Capanni, E. Urbani, K. Perruccio, W.D. Shlomchik, A. Tosti, S. Posati, D. Rogaia, F. Frassoni, F. Aversa, M.F. Martelli e A. Velardi, *Effectiveness of donor natural killer cell alloreactivity in mismatched hematopoietic transplants.* Science, 2002. **295**(5562): p. 2097-100.
209. Binstadt, B.A., K.M. Brumbaugh, C.J. Dick, A.M. Scharenberg, B.L. Williams, M. Colonna, L.L. Lanier, J.P. Kinet, R.T. Abraham, e P.J. Leibson, *Sequential involvement of Lck and SHP-1 with MHC-recognizing receptors on NK cells inhibits FcR-initiated tyrosine kinase activation.* Immunity, 1996. **5**(6): p. 629-38.
210. Burshtyn, D.N., A.M. Scharenberg, N. Wagtmann, S. Rajagopalan, K. Berrada, T. Yi, J.P. Kinet e E.O. Long, *Recruitment of tyrosine phosphatase HCP by the killer cell inhibitor recetor.* Immunity, 1996. **4**(1): p. 77-85.
211. Ravetch, J.V. e L.L. Lanier, *Immune inhibitory receptors.* Science, 2000. **290**(5489): p. 84-9.
212. Gilfillan, S., E.L. Ho, M. Cella, W.M. Yokoyama e M. Colonna, *NKG2D recruta dois adaptadores distintos para desencadear a ativação e a co-estimulação das células NK.* Nat Immunol, 2002. **3**(12): p. 1150-5.
213. Campbell, J.L., N.Y. Klueva, H.G. Zheng, J. Nieto-Sotelo, T.D. Ho, e H.T. Nguyen, *Clonagem de novos membros da família de genes da proteína de choque térmico HSP101 em trigo (Triticum aestivum (L.) Moench) induzível por calor, desidratação e ABA(1).* Biochim Biophys Ata, 2001. **1517**(2): p. 270-7.
214. Bryceson, Y.T., M.E. March, H.G. Ljunggren, e E.O. Long, *Activation, coactivation, and costimulation of resting human natural killer cells.* Immunol Rev, 2006. **214**: p. 73-91.
215. Welte, S., S. Kuttruff, I. Waldhauer, e A. Steinle, Mutual *activation of natural killer cells and monocytes mediated by NKp80-AICL interaction.* Nat Immunol, 2006. **7**(12): p. 1334-42.
216. Fuchs, A. e M. Colonna, *The role of NK cell recognition of nectin and nectin-like proteins in tumor immunosurveillance.* Semin Cancer Biol, 2006. **16**(5): p. 359-66.
217. Bottino, C., L. Moretta, e A. Moretta, *NK cell activating receptors and tumor recognition in humans.* Curr Top Microbiol Immunol, 2006. **298**: p. 175-82.
218. Bauer, S., V. Groh, J. Wu, A. Steinle, J.H. Phillips, L.L. Lanier e T. Spies, *Activation of NK cells and T cells by NKG2D, a recetor for stress-inducible MICA.* Science, 1999. **285**(5428): p. 727-9.
219. Moretta, A., C. Bottino, M. Vitale, D. Pende, C. Cantoni, M.C. Mingari, R. Biassoni, e L. Moretta, *Activating receptors and coreceptors involved in human natural killer cell-mediated cytolysis.* Annu Rev Immunol, 2001. **19**: p. 197-223.
220. Cosman, D., J. Mullberg, C.L. Sutherland, W. Chin, R. Armitage, W. Fanslow, M. Kubin e N.J. Chalupny, *ULBPs, novas moléculas relacionadas com o MHC de classe I, ligam-se à glicoproteína UL16 do CMV e estimulam a citotoxicidade NK através do recetor NKG2D.* Immunity, 2001. **14**(2): p. 123-33.
221. Chan, C.J., M.J. Smyth, and L. Martinet, *Molecular mechanisms of natural killer cell activation in response to cellular stress.* Cell Death Differ, 2014. **21**(1): p. 5-14.
222. Chalupny, N.J., C.L. Sutherland, W.A. Lawrence, A. Rein-Weston, e D. Cosman,

ULBP4 is a novel ligand for human NKG2D. Biochem Biophys Res Commun, 2003. **305**(1): p. 129-35.

223. Gonzalez, S., V. Groh, e T. Spies, *Immunobiology of human NKG2D and its ligands.* Curr Top Microbiol Immunol, 2006. **298**: p. 121-38.
224. Hayakawa, Y., J.M. Kelly, J.A. Westwood, P.K. Darcy, A. Diefenbach, D. Raulet, e M.J. Smyth, *Cutting edge: tumor rejection mediated by NKG2D recetor-ligand interaction is dependent on perforin.* J Immunol, 2002. **169**(10): p. 5377-81.
225. Wu, J., Y. Song, A.B. Bakker, S. Bauer, T. Spies, L.L. Lanier e J.H. Phillips, *Um complexo de imunorreceptores de ativação formado por NKG2D e DAP10.* Science, 1999. **285**(5428): p. 730-2.
226. Kaiser, B.K., D. Yim, I.T. Chow, S. Gonzalez, Z. Dai, H.H. Mann, R.K. Strong, V. Groh e T. Spies, *Disulphide-isomerase-enabled shedding of tumour-associated NKG2D ligands.* Nature, 2007. **447**(7143): p. 482-6.
227. Doubrovina, E.S., M.M. Doubrovin, E. Vider, R.B. Sisson, R.J. O'Reilly, B. Dupont, and Y.M. Vyas, *Evasion from NK cell immunity by MHC class I chain-related molecules expressing colon adenocarcinoma.* J Immunol, 2003. **171**(12): p. 6891-9.
228. Salih, H.R., H. Antropius, F. Gieseke, S.Z. Lutz, L. Kanz, H.G. Rammensee, e A. Steinle, *Functional expression and release of ligands for the activating immunoreceptor NKG2D in leukemia.* Blood, 2003. **102**(4): p. 1389-96.
229. Groh, V., J. Wu, C. Yee e T. Spies, *Tumour-derived soluble MIC ligands impairment expression of NKG2D and T-cell activation.* Nature, 2002. **419**(6908): p. 734-8.
230. Krzewski, K. e J.E. Coligan, *Human NK cell lytic granules and regulation of their exocytosis.* Front Immunol, 2012. **3**: p. 335.
231. Voskoboinik, I., M.C. Thia e J.A. Trapani, *A functional analysis of the putative polymorphisms A91V and N252S and 22 missense perforin mutations associated with familial hemophagocytic lymphohistiocytosis.* Sangue, 2005. **105**(12): p. 4700-6.
232. Portales, P., J. Reynes, V. Pinet, R. Rouzier-Panis, V. Baillat, J. Clot e P. Corbeau, *Interferon-alpha restabelece a alteração induzida pelo VIH da expressão da perforina das células assassinas naturais in vivo.* AIDS, 2003. **17**(4): p. 495-504.
233. Salcedo, T.W., L. Azzoni, S.F. Wolf, e B. Perussia, *Modulation of perforin and granzyme messenger RNA expression in human natural killer cells.* J Immunol, 1993. **151**(5): p. 2511-20.
234. Nakata, M., A. Kawasaki, M. Azuma, K. Tsuji, H. Matsuda, Y. Shinkai, H. Yagita, e K. Okumura, *Expression of perforin and cytolytic potential of human peripheral blood lymphocyte subpopulations.* Int Immunol, 1992. **4**(9): p. 1049-54.
235. Ghosh, D., D. Lippert, O. Krokhin, J.P. Cortens, e J.A. Wilkins, *Defining the membrane proteome of NK cells.* J Mass Spectrom, 2010. **45**(1): p. 1-25.
236. Schmidt, H., C. Gelhaus, R. Lucius, M. Nebendahl, M. Leippe, e O. Janssen, *Enriquecimento e análise de lisossomas secretores de populações de linfócitos.* BMC Immunol, 2009. **10**: p. 41.
237. Bossi, G. e G.M. Griffiths, *Degranulation plays an essential part in regulating cell surface expression of Fas ligand in T cells and natural killer cells.* Nat Med, 1999. **5**(1): p. 90-6.
238. Montel, A.H., M.R. Bochan, J.A. Hobbs, D.H. Lynch, e Z. Brahmi, *Fas involvement in cytotoxicity mediated by human NK cells.* Cell Immunol, 1995. **166**(2): p. 236-46.
239. Bryceson, Y.T., M.E. March, H.G. Ljunggren, and E.O. Long, *Synergy among receptors on resting NK cells for the activation of natural cytotoxicity and cytokine secretion.* Blood, 2006. **107**(1): p. 159-66.

240. Johnsen, A.C., J. Haux, B. Steinkjer, U. Nonstad, K. Egeberg, A. Sundan, A. Ashkenazi, e T. Espevik, *Regulation of APO-2 ligand/trail expression in NK cells-involvement in NK cell-mediated cytotoxicity.* Cytokine, 1999. **11**(9): p. 664-72.
241. Lavrik, I.N. e P.H. Krammer, *Regulação da sinalização CD95/Fas no DISC.* Cell Death Differ, 2012. **19**(1): p. 36-41.
242. Falschlehner, C., C.H. Emmerich, B. Gerlach, e H. Walczak, *TRAIL signalling: decisions between life and death.* Int J Biochem Cell Biol, 2007. **39**(7-8): p. 1462-75.
243. Roda, J.M., R. Parihar, C. Magro, G.J. Nuovo, S. Tridandapani, e W.E. Carson, 3rd, *Natural killer cells produce T cell-recruiting chemokines in response to antibody-coated tumor cells.* Cancer Res, 2006. **66**(1): p. 517-26.
244. Fehniger, T.A., M.H. Shah, M.J. Turner, J.B. VanDeusen, S.P. Whitman, M.A. Cooper, K. Suzuki, M. Wechser, F. Goodsaid, e M.A. Caligiuri, *Differential cytokine and chemokine gene expression by human NK cells following activation with IL-18 or IL-15 in combination with IL-12: implications for the innate immune response.* J Immunol, 1999. **162**(8): p. 4511-20.
245. Peritt, D., S. Robertson, G. Gri, L. Showe, M. Aste-Amezaga e G. Trinchieri, *Differentiation of human NK cells into NK1 and NK2 subsets.* J Immunol, 1998. **161**(11): p. 5821-4.
246. Oliva, A., A.L. Kinter, M. Vaccarezza, A. Rubbert, A. Catanzaro, S. Moir, J. Monaco, L. Ehler, S. Mizell, R. Jackson, Y. Li, J.W. Romano, e A.S. Fauci, *Natural killer cells from human immunodeficiency virus (HIV)-infected individuals are an important source of CC-chemokines and suppress HIV-1 entry and replication in vitro.* J Clin Invest, 1998. **102**(1): p. 223-31.
247. Bluman, E.M., K.J. Bartynski, B.R. Avalos, e M.A. Caligiuri, *Human natural killer cells produce abundant macrophage inflammatory protein-1 alpha in response to monocyte-derived cytokines.* J Clin Invest, 1996. **97**(12): p. 2722-7.
248. Warren, H.S., B.F. Kinnear, J.H. Phillips, e L.L. Lanier, *Production of IL-5 by human NK cells and regulation of IL-5 secretion by IL-4, IL-10, and IL-12.* J Immunol, 1995. **154**(10): p. 5144-52.
249. Smyth, M.J., C.O. Zachariae, Y. Norihisa, J.R. Ortaldo, A. Hishinuma, e K. Matsushima, *IL-8 gene expression and production in human peripheral blood lymphocyte subsets.* J Immunol, 1991. **146**(11): p. 3815-23.
250. Cuturi, M.C., I. Anegon, F. Sherman, R. Loudon, S.C. Clark, B. Perussia, e G. Trinchieri, *Production of hematopoietic colony-stimulating factors by human natural killer cells.* J Exp Med, 1989. **169**(2): p. 569-83.
251. Ishiyama, K., H. Ohdan, M. Ohira, H. Mitsuta, K. Arihiro, e T. Asahara, *Difference in cytotoxicity against hepatocellular carcinoma between liver and periphery natural killer cells in humans.* Hepatology, 2006. **43**(2): p. 362-72.
252. Cai, L., Z. Zhang, L. Zhou, H. Wang, J. Fu, S. Zhang, M. Shi, H. Zhang, Y. Yang, H. Wu, P. Tien e F.S. Wang, *Functional impairment in circulating and intrahepatic NK cells and relative mechanism in hepatocellular carcinoma patients.* Clin Immunol, 2008. **129**(3): p. 428-37.
253. Zhang, J., Z. Xu, X. Zhou, H. Zhang, N. Yang, Y. Wu, Y. Chen, G. Yang e T. Ren, *A perda de expressão da cadeia A relacionada com a classe I do MHC (MICA) é um evento frequente e prevê uma sobrevivência fraca em doentes com carcinoma hepatocelular.* Int J Clin Exp Pathol, 2014. **7**(6): p. 3123-31.
254. Fathy, A., M.M. Eldin, L. Metwally, M. Eida, e M. Abdel-Rehim, *Diminished absolute counts of CD56dim and CD56bright natural killer cells in peripheral blood from*

Egyptian patients with hepatocellular carcinoma. Egypt J Immunol, 2009. **16**(2): p. 17-25.

255. O'Connell, R.M., D.S. Rao, A.A. Chaudhuri, e D. Baltimore, *Physiological and pathological roles for microRNAs in the immune system.* Nat Rev Immunol, 2010. **10**(2): p. 111-22.
256. Fehniger, T.A., T. Wylie, E. Germino, J.W. Leong, V.J. Magrini, S. Koul, C.R. Keppel, S.E. Schneider, D.C. Koboldt, R.P. Sullivan, M.E. Heinz, S.D. Crosby, R. Nagarajan, G. Ramsingh, D.C. Link, T.J. Ley e E.R. Mardis, *Next-generation sequencing identifica o transcriptoma de microRNA das células assassinas naturais.* Genome Res, 2010. **20**(11): p. 1590-604.
257. Di Santo, J.P., *Natural killer cells: diversity in search of a niche.* Nat Immunol, 2008. **9**(5): p. 473-5.
258. Bezman, N.A., E. Cedars, D.F. Steiner, R. Blelloch, D.G. Hesslein, e L.L. Lanier, *Distinct requirements of microRNAs in NK cell activation, survival, and function.* J Immunol, 2010. **185**(7): p. 3835-46.
259. Thomas, M.F., S. Abdul-Wajid, M. Panduro, J.E. Babiarz, M. Rajaram, P. Woodruff, L.L. Lanier, V. Heissmeyer, e K.M. Ansel, *Eri1 regula a homeostase do microRNA e o desenvolvimento de linfócitos de ratinho e a função antiviral.* Blood, 2012. **120**(1): p. 130-42.
260. Leong, J.W., R.P. Sullivan, e T.A. Fehniger, *Natural killer cell regulation by microRNAs in health and disease.* J Biomed Biotechnol, 2012. **2012**: p. 632329.
261. Cichocki, F., M. Felices, V. McCullar, S.R. Presnell, A. Al-Attar, C.T. Lutz, e J.S. Miller, *Cutting edge: microRNA-181 promotes human NK cell development by regulating Notch signaling.* J Immunol, 2011. **187**(12): p. 6171-5.
262. Beck, R.C., M. Padival, D. Yeh, J. Ralston, K.R. Cooke e J.B. Lowe, *Os ligandos Notch Jagged2, Delta1 e Delta4 induzem a diferenciação e a expansão de células NK humanas funcionais a partir de células progenitoras hematopoiéticas CD34+ do sangue do cordão umbilical.* Biol Blood Marrow Transplant, 2009. **15**(9): p. 1026-37.
263. Zhou, B., S. Wang, C. Mayr, D.P. Bartel e H.F. Lodish, *miR-150, um microRNA expresso em células B e T maduras, bloqueia o desenvolvimento precoce das células B quando expresso prematuramente.* Proc Natl Acad Sci U S A, 2007. **104**(17): p. 7080-5.
264. Steiner, D.F., M.F. Thomas, J.K. Hu, Z. Yang, J.E. Babiarz, C.D. Allen, M. Matloubian, R. Blelloch, e K.M. Ansel, *MicroRNA-29 regula os factores de transcrição T-box e a produção de interferão-gama em células T auxiliares.* Immunity, 2011. **35**(2): p. 169-81.
265. Ma, F., S. Xu, X. Liu, Q. Zhang, X. Xu, M. Liu, M. Hua, N. Li, H. Yao, e X. Cao, *O microRNA miR-29 controla as respostas imunitárias inatas e adaptativas à infeção bacteriana intracelular através da segmentação do interferão-gama.* Nat Immunol, 2011. **12**(9): p. 861-9.
266. Sullivan, R.P., J.W. Leong, S.E. Schneider, C.R. Keppel, E. Germino, A.R. French, e T.A. Fehniger, *MicroRNA-deficient NK cells exhibit decreased survival but enhanced function.* J Immunol, 2012. **188**(7): p. 3019-30.
267. O'Connell, R.M., A.A. Chaudhuri, D.S. Rao, e D. Baltimore, *Inositol phosphatase SHIP1 is a primary target of miR-155.* Proc Natl Acad Sci U S A, 2009. **106**(17): p. 7113-8.
268. Trotta, R., L. Chen, D. Ciarlariello, S. Josyula, C. Mao, S. Costinean, L. Yu, J.P. Butchar, S. Tridandapani, C.M. Croce, e M.A. Caligiuri, *miR-155 regula a produção de IFN-gama em células assassinas naturais.* Blood, 2012. **119**(15): p. 3478-85.

269. Kim, T.D., S.U. Lee, S. Yun, H.N. Sun, S.H. Lee, J.W. Kim, H.M. Kim, S.K. Park, C.W. Lee, S.R. Yoon, P.D. Greenberg, e I. Choi, *Human microRNA- 27a* targets Prf1 and GzmB expression to regulate NK-cell cytotoxicity.* Blood, 2011. **118**(20): p. 5476-86.
270. Sun, Y., T. Zhang, C. Wang, X. Jin, C. Jia, S. Yu e J. Chen, *MiRNA-615-5p funciona como um supressor de tumor no adenocarcinoma ductal pancreático, visando AKT2.* PLoS One, 2015. **10**(4): p. e0119783.
271. Gao, W., Y. Gu, Z. Li, H. Cai, Q. Peng, M. Tu, Y. Kondo, K. Shinjo, Y. Zhu, J. Zhang, Y. Sekido, B. Han, Z. Qian e Y. Miao, *miR-615-5p é epigeneticamente inactivado e funciona como um supressor de tumor no adenocarcinoma ductal pancreático.* Oncogene, 2015. **34**(13): p. 1629-40.
272. Stern-Ginossar, N., C. Gur, M. Biton, E. Horwitz, M. Elboim, N. Stanietsky, M. Mandelboim e O. Mandelboim, *Human microRNAs regulate stress- induced immune responses mediated by the recetor NKG2D.* Nat Immunol, 2008. **9**(9): p. 1065-73.
273. Yang, H., P. Lan, Z. Hou, Y. Guan, J. Zhang, W. Xu, Z. Tian e C. Zhang, *o inibidor da histona desacetilase SAHA regula epigeneticamente o cluster miR-17-92 e MCM7 para regular positivamente a expressão de MICA no hepatoma.* Br J Cancer, 2015. **112**(1): p. 112-21.
274. Wu, J., X.J. Zhang, K.Q. Shi, Y.P. Chen, Y.F. Ren, Y.J. Song, G. Li, Y.F. Xue, Y.X. Fang, Z.J. Deng, X. Xu, J. Gao, e K.F. Tang, *O antigénio de superfície da hepatite B inibe a expressão de MICA e MICB através da indução de miRNAs celulares em células de carcinoma hepatocelular.* Carcinogénese, 2014. **35**(1): p. 155-63.
275. Tsukerman, P., N. Stern-Ginossar, C. Gur, A. Glasner, D. Nachmani, Y. Bauman, R. Yamin, A. Vitenshtein, N. Stanietsky, T. Bar-Mag, D. Lankry e O. Mandelboim, *MiR-10b regula negativamente a molécula de superfície celular induzida pelo stress MICB, um ligando crítico para o reconhecimento de células cancerígenas por células assassinas naturais.* Cancer Res, 2012. **72**(21): p. 5463-72.
276. Espinoza, J.L., A. Takami, K. Yoshioka, K. Nakata, T. Sato, Y. Kasahara, e S. Nakao, *Human microRNA-1245 down-regulates the NKG2D recetor in natural killer cells and impairs NKG2D-mediated functions.* Haematologica, 2012. **97**(9): p. 1295-303.
277. Eis, P.S., W. Tam, L. Sun, A. Chadburn, Z. Li, M.F. Gomez, E. Lund, e J.E. Dahlberg, *Acumulação de miR-155 e BIC RNA em linfomas de células B humanas.* Proc Natl Acad Sci U S A, 2005. **102**(10): p. 3627-32.
278. Rodriguez, A., E. Vigorito, S. Clare, M.V. Warren, P. Couttet, D.R. Soond, S. van Dongen, R.J. Grocock, P.P. Das, E.A. Miska, D. Vetrie, K. Okkenhaug, A.J. Enright, G. Dougan, M. Turner e A. Bradley, *Requirement of bic/microRNA-155 for normal immune function.* Science, 2007. **316**(5824): p. 608-11.
279. Liu, X., Y. Wang, Q. Sun, J. Yan, J. Huang, S. Zhu e J. Yu, *Identificação do transcriptoma de microRNA envolvido na ativação de células assassinas naturais humanas.* Immunol Lett, 2012. **143**(2): p. 208-17.
280. Baudler, S., J. Baumgartl, B. Hampel, T. Buch, A. Waisman, C.M. Snapper, W. Krone, e J.C. Bruning, *Insulin-like growth fator-1 controls type 2 T cell-independent B cell response.* J Immunol, 2005. **174**(9): p. 5516-25.
281. Kimata, H. e A. Yoshida, *Differential effect of growth hormone and insulinlike growth fator-I, insulin-like growth fator-II, and insulin on Ig production and growth in human plasma cells.* Blood, 1994. **83**(6): p. 1569-74.
282. Kimata, H. e A. Yoshida, *Effect of growth hormone and insulin-like growth fator-I on immunoglobulin production by and growth of human B cells.* J Clin Endocrinol Metab, 1994. **78**(3): p. 635-41.

283. Segretin, M.E., A. Galeano, A. Roldan e R. Schillaci, *Insulin-like growth fator-1 recetor regulation in activated human T lymphocytes.* Horm Res, 2003. **59**(6): p. 276-80.
284. Kooijman, R., L.E. Scholtens, G.T. Rijkers, and B.J. Zegers, *Type I insulin-like growth fator recetor expression in different developmental stages of human thymocytes.* J Endocrinol, 1995. **147**(2): p. 203-9.
285. Stagg, J. e B. Allard, *Abordagens imunoterapêuticas no cancro da mama triplo-negativo: últimas investigações e perspectivas clínicas.* Ther Adv Med Oncol, 2013. **5**(3): p. 169-81.
286. Ni, F., R. Sun, B. Fu, F. Wang, C. Guo, Z. Tian e H. Wei, *IGF-1 promove o desenvolvimento e a atividade citotóxica das células NK humanas.* Nat Commun, 2013. **4**: p. 1479.
287. Zhu, S., P.V. Phatarpekar, C.J. Denman, V.V. Senyukov, S.S. Somanchi, H.T. Nguyen-Jackson, E.M. Mace, A.F. Freeman, S.S. Watowich, J.S. Orange, S.M. Holland, e D.A. Lee, *A transcrição do recetor de ativação NKG2D em células assassinas naturais é regulada pela fosforilação da tirosina STAT3.* Blood, 2014. **124**(3): p. 403-11.
288. Gotthardt, D., E.M. Putz, E. Straka, P. Kudweis, M. Biaggio, V. Poli, B. Strobl, M. Muller e V. Sexl, *A perda de STAT3 em células NK murinas aumenta a vigilância tumoral dependente de células NK.* Sangue, 2014. **124**(15): p. 2370-9.
289. Sui, Q., J. Zhang, X. Sun, C. Zhang, Q. Han e Z. Tian, *as células NK são os mediadores antitumorais cruciais quando a imunossupressão mediada por STAT3 é bloqueada no carcinoma hepatocelular.* J Immunol, 2014. **193**(4): p. 2016-23.
290. Marcais, A., J. Cherfils-Vicini, C. Viant, S. Degouve, S. Viel, A. Fenis, J. Rabilloud, K. Mayol, A. Tavares, J. Bienvenu, Y.G. Gangloff, E. Gilson, E. Vivier e T. Walzer, *O ponto de verificação metabólico quinase mTOR é essencial para a sinalização IL-15 durante o desenvolvimento e ativação de células NK.* Nat Immunol, 2014. **15**(8): p. 749-57.
291. Song, L.J., W.J. Zhang, Z.W. Chang, Y.F. Pan, H. Zong, Q.X. Fan e L.X. Wang, *PU.1 é identificado como um novo supressor de metástases no carcinoma hepatocelular que regula o eixo miR-615-5p/IGF2.* Asian Pac J Cancer Prev, 2015. **16**(9): p. 3667-71.
292. Platonova, S., J. Cherfils-Vicini, D. Damotte, L. Crozet, V. Vieillard, P. Validire, P. Andre, M.C. Dieu-Nosjean, M. Alifano, J.F. Regnard, W.H. Fridman, C. Sautes-Fridman, e I. Cremer, *Profound coordinated alterations of intratumoral NK cell phenotype and function in lung carcinoma.* Cancer Res, 2011. **71**(16): p. 5412-22.
293. Hu, Y., J. Li, P. Liu, X. Chen, D.H. Guo, Q.S. Li e K. Rahman, *Proteção das células neuronais SH-SY5Y contra a apoptose induzida por glutamato por 3,6'- desinapoyl sacarose, um composto bioativo isolado de Radix Polygala.* J Biomed Biotechnol, 2012. **2012**: p. 1-5.
294. Trotta, R., L. Chen, S. Costinean, S. Josyula, B.L. Mundy-Bosse, D. Ciarlariello, C. Mao, E.L. Briercheck, K.K. McConnell, A. Mishra, L. Yu, C.M. Croce, e M.A. Caligiuri, *A sobreexpressão de miR-155 causa expansão, paragem na diferenciação terminal e ativação funcional de células assassinas naturais de ratinho.* Blood, 2013. **121**(16): p. 3126-34.
295. Williams, C.J., D.A. Harrison, I. Hopkinson, C.T. Baldwin, N.N. Ahmad, L. Ala-Kokko, R.M. Korn, P.G. Buxton, J. Dimascio, E.L. Considine, e et al., *Deteção de variantes de sequência no gene do procolagénio humano de tipo II (COL2A1) por sequenciação direta do ADN genómico amplificado por reação em cadeia da polimerase.* Hum Mutat, 1992. **1**(5): p. 403-16.
296. Sullivan, R.P., LA Fogel, J.W. Leong, S.E. Schneider, R. Wong, R. Romee, TH Thai, V.

Sexl, S.J. Matkovich, G.W. Dorn, 2nd, A.R. French, e TA Fehniger, *MicroRNA-155 regula tanto o limiar como a extensão da ativação das células NK através da segmentação de múltiplas vias de sinalização.* J Immunol, 2013. **191**(12): p. 5904-13.

297. Long, E.O., H.S. Kim, D. Liu, M.E. Peterson, e S. Rajagopalan, *Controlling natural killer cell responses: integration of signals for activation and inhibition.* Annu Rev Immunol, 2013. **31**: p. 227-58.

298. Hesslein, D.G. e L.L. Lanier, *Transcriptional control of natural killer cell development and function (Controlo transcricional do desenvolvimento e função das células assassinas naturais).* Adv Immunol, 2011. **109**: p. 45-85.

299. Hoglund, P. e P. Brodin, *Perspectivas actuais da educação das células assassinas naturais por moléculas MHC de classe I.* Nat Rev Immunol, 2010. **10**(10): p. 72434.

300. Ramirez, K. e B.L. Kee, *Multiple hats for natural killers.* Curr Opin Immunol, 2010. **22**(2): p. 193-8.

301. Elliott, J.M., J.A. Wahle e W.M. Yokoyama, *as células assassinas naturais deficientes em MHC de classe I adquirem um fenótipo licenciado após a transferência para um ambiente suficiente de MHC de classe I.* J Exp Med, 2010. **207**(10): p. 2073-9.

302. Tripathy, S.K., P.A. Keyel, L. Yang, J.T. Pingel, T.P. Cheng, A. Schneeberger, e W.M. Yokoyama, *Continuous engagement of a self-specific activation recetor induces NK cell tolerance.* J Exp Med, 2008. **205**(8): p. 1829-41.

303. Elemam, N.M., R.Y. Mekky, N.M. El-Ekiaby, S.A. El Sobky, M.A. El Din, G. Esmat, e A.I. Abdelaziz, *Repressão de PU.1 por miR-29a(*) em células NK de pacientes com VHC, diminui o seu efeito citolítico em modelos de células infectadas com VHC.* Hum Immunol, 2015. **76**(9): p. 687-94.

304. Zhang, C., X. Xi, Q. Wang, J. Jiao, L. Zhang, H. Zhao e Z. Lai, *A associação entre miR-155 sérico e células assassinas naturais de pacientes com tuberculose.* Int J Clin Exp Med, 2015. **8**(6): p. 9168-72.

305. Cheng, Y.Q., J.P. Ren, J. Zhao, J.M. Wang, Y. Zhou, G.Y. Li, J.P. Moorman, e Z.Q. Yao, *MicroRNA-155 regula a produção de interferão-gama em células assassinas naturais através da sinalização Tim-3 na infeção crónica pelo vírus da hepatite C.* Immunology, 2015. **145**(4): p. 485-97.

306. Romee, R., B. Foley, T. Lenvik, Y. Wang, B. Zhang, D. Ankarlo, X. Luo, S. Cooley, M. Verneris, B. Walcheck e J. Miller, *a expressão e a função da superfície CD16 das células NK são reguladas por uma desintegrina e metaloprotease-17 (ADAM17).* Blood, 2013. **121**(18): p. 3599-608.

307. Agudelo, O., J. Bueno, A. Villa, e A. Maestre, *Alta produção de IFN-gama e TNF por células NK periféricas de pacientes colombianos com diferentes apresentações clínicas de Plasmodium falciparum.* Malar J, 2012. **11**: p. 38.

308. Braun, M., B. Muller, D. ter Meer, S. Raffegerst, B. Simm, S. Wilde, S. Spranger, J. Ellwart, B. Mosetter, L. Umansky, T. Lerchl, D.J. Schendel e C.S. Falk, *O recetor CD6 scavenger é expresso diferencialmente numa subpopulação de células assassinas naturais CD56 e contribui para a secreção de citocinas e quimiocinas derivadas das células assassinas naturais.* J Innate Immun, 2011. **3**(4): p. 420-34.

309. Lin, C.C., L.Z. Liu, J.B. Addison, W.F. Wonderlin, A.V. Ivanov, e J.M. Ruppert, *A KLF4-miRNA-206 autoregulatory feedback loop can promote or inhibit protein translation depending on cell context.* Mol Cell Biol, 2011. **31**(12): p. 2513-27.

310. Ma, L., Z. Zhu, X. Lu, L. Jiang, M. Zhou, S. Qian e J. Li, *[Regulação positiva do ligando NKG2D ULBP2 por matrina em células K562 e os mecanismos moleculares subjacentes].* Zhonghua Xue Ye Xue Za Zhi, 2014. **35**(5): p. 438-42.

311. Sun, X., Q. Sui, C. Zhang, Z. Tian e J. Zhang, *o bloqueio do STAT3 em células de carcinoma hepatocelular aumenta as funções das células NK através da supressão imunitária induzida pelo carcinoma hepatocelular inverso.* Mol Cancer Ther, 2013. **12**(12): p. 2885-96.
312. Yin, B., K. Morgan, D.E. Hasz, Z. Mao, e D.A. Largaespada, *A inativação do gene Nfl em células de leucemia mieloide aguda confere resistência à citarabina através das vias MAPK e mTOR.* Leukemia, 2006. **20**(1): p. 151-4.
313. Grandage, V.L., R.E. Gale, D.C. Linch, and A. Khwaja, *PI3-kinase/Akt is constitutively active in primary acute myeloid leukaemia cells and regulates survival and chemoresistance via NF-kappaB, Mapkinase and p53 pathways.* Leukemia, 2005. **19**(4): p. 586-94.

OBRIGADO

MIX
Papier aus verantwortungsvollen Quellen
Paper from responsible sources
FSC® C105338

Printed by Books on Demand GmbH, Norderstedt / Germany